W0077535

Kemper
Gerätekunde Feuerwehrpumpen

Fachwissen Feuerwehr

FACHWISSEN FEUERWEHR

Kemper

GERÄTEKUNDE
FEUERWEHRPUMPEN

Bibliografische Informationen der Deutschen Nationalbibliothek

Die Deutsche Nationalbibliothek verzeichnet diese Publikation in der Deutschen Nationalbibliografie; detaillierte bibliografische Daten sind im Internet über <http://dnb.d-nb.de> abrufbar.

Bei der Herstellung des Werkes haben wir uns zukunftsbewusst für umweltverträgliche und wiederverwertbare Materialien entschieden. Der Inhalt ist auf chlorfrei gebleichtes Papier gedruckt.

ISBN 978-3-609-68445-1

E-Mail: kundenbetreuung@hjr-verlag.de

Telefon: +49 89/2183-7928
Telefax: +49 89/2183-7620

© 2013 ecomed SICHERHEIT, eine Marke der Verlagsgruppe Hüthig Jehle Rehm GmbH
Heidelberg, München, Landsberg, Frechen, Hamburg

www.ecomed-storck.de

Satz: abavo GmbH, 86807 Buchloe
Druck: Kessler Druck + Medien, 86399 Bobingen

Vorwort

Die Anforderungen an die Angehörigen der Freiwilligen Feuerwehren, Berufsfeuerwehren, Werk- und Betriebsfeuerwehren haben sich im Laufe der Jahre erheblich verändert. Genügten früher die Kenntnisse der normalen Brandbekämpfung, müssen heute selbst kleine Feuerwehren die unterschiedlichsten Notlagen meistern, um in Not geratene Mitmenschen oder Tiere zu retten, Sachwerte zu erhalten und die Umwelt vor Schaden zu bewahren.

Dies ist aber nur noch möglich, wenn für die Feuerwehrangehörigen eine umfassende und wirksame Aus- und Weiterbildung angeboten und auch durchgeführt wird.

Diese Forderung steht jedoch dem Problem gegenüber, dass diese Aus- und Weiterbildung von den meist freiwillig tätigen Angehörigen der Feuerwehren zusätzlich zu den immer weiter steigenden Anforderungen in deren Berufsleben geleistet werden muss.

Letztlich liegt es an jedem Feuerwehrangehörigen selbst, ob und in welchem Umfang er bereit ist, sich durch eine regelmäßige und aktive Teilnahme an der Aus-und Weiterbildung den gesteigerten Anforderungen der Feuerwehr zu stellen.

Das Ziel der Broschürenreihe „Fachwissen Feuerwehr" besteht darin, die Feuerwehrangehörigen mit dem Wissen auszustatten, das in der heutigen Zeit erforderlich ist, um aufgabengerecht und wirkungsvoll tätig zu werden. Sie ist vorrangig für die Feuerwehrangehörigen vorgesehen, die erstmals in das Thema Feuerwehr „einsteigen" und für diejenigen, die sich ein solides Basiswissen aneignen möchten.

Die Gliederung der Broschüren entspricht weitgehend der Gliederung der Feuerwehr-Dienstvorschrift FwDV 2 „Ausbildung der Freiwilligen Feuerwehren" und den daraus abgeleiteten Lernzielkatalogen.

Deshalb können diese Ausarbeitungen auch gut zur Lehrgangsvorbereitung und -begleitung genutzt werden. Das praktische Broschürenformat ermöglicht eine leichte Handhabung in der Praxis.

Die Texte und Abbildungen sind in leicht verständlicher Weise dargestellt, wichtige Hinweise und Merksätze filtern die für die Praxis wichtigen Informationen heraus. Auf die Verwendung spezieller Formeln und wenig gebräuchlicher Begriffe und Einheiten wird weitgehend verzichtet. Die Angaben technischer Daten erfolgt ohne Gewähr.

Die Funktionsbezeichnungen und personenbezogenen Begriffe gelten sowohl für weibliche als auch für männliche Feuerwehrangehörige.

Feuerwehrpumpen sind maschinell angetriebene Strömungsmaschinen zur Förderung von Flüssigkeiten. Sie werden unterteilt in Pumpen zur Förderung von Wasser und Pumpen zur Förderung von sonstigen Flüssigkeiten und können tragbar oder fest in Feuerwehrfahrzeuge eingebaut sein. Vor allem die Feuerwehrpumpen zur Förderung von Löschwasser gehören zu den meist verwendeten Aggregaten im Bereich der Brandbekämpfung.

Die Broschüre gibt eine Übersicht über die Anforderungen an genormte und nicht genormte Pumpen. Darüber hinaus werden die Arten, der Aufbau, die Arbeitsweisen und Leistungswerte der Pumpen beschrieben.

Geseke, Februar 2013   Hans Kemper

Inhalt

1 Einleitung

Feuerwehrpumpen sind maschinell angetriebene Strömungsmaschinen, meist in Form von Kolben- oder Kreiselpumpen, zur Förderung von Wasser oder sonstigen Flüssigkeiten, die für Einsatzaufgaben der Feuerwehr besonders gestaltet sind und den Bestimmungen bestimmter Normen unterliegen.

Sie werden in unterschiedlichen Bauarten und Leistungsgrößen zusammen mit Schläuchen und Armaturen sowohl im Rahmen der Brandbekämpfung, im Lenzbetrieb, bei technischen Hilfeleistungen als auch bei Gefahrguteinsätzen der Feuerwehren verwendet. Zu den Feuerwehrpumpen gehören Feuerlöschkreiselpumpen, tragbare Tauchmotorpumpen, tragbare Umfüllpumpen sowie sonstige Pumpen.

Abbildung 1: Maschinist bei der Bedienung einer Fahrzeugpumpe
(Quelle: FirePublications, Wolfgang Jendsch)

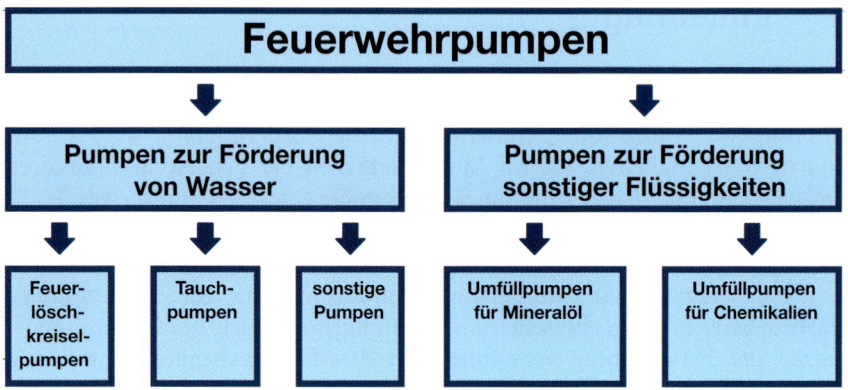

Feuerwehrpumpen können sowohl fest in Feuerwehrfahrzeugen eingebaut als auch tragbar ausgeführt sein. Zum Antrieb dieser Pumpen werden in der Regel Verbrennungs- oder Elektromotoren verwendet. Darüber hinaus gibt es aber auch handbetätigte Feuerwehrpumpen oder Pumpen, die durch Treibwasser angetrieben werden.

Feuerwehrpumpen müssen für die jeweilige Einsatzaufgabe der Feuerwehr geeignet sein. Dies gilt vor allem für die Beständigkeit der Werkstoffe im Hinblick auf die zu fördernden Flüssigkeiten. Darüber hinaus sollten sie einfach zu bedienen sein und müssen so gestaltet sein, dass die Einsatzbereitschaft schnell hergestellt werden kann.

Im Einsatz werden zusammen mit den Feuerwehrpumpen verschiedene Hilfsmittel wie z.B. Schläuche und Armaturen verwendet, die in ihren Ausführungen auf die Art und Leistungsfähigkeit der jeweiligen Pumpen abgestimmt sein müssen.

Hinweis: Für die Erreichung des jeweiligen Einsatzzweckes und den sicheren Betrieb der Feuerwehrpumpen sind die vom Hersteller der Pumpe vorgegebenen Hinweise der Bedienungsanleitungen genau zu beachten.

2 Feuerlöschkreiselpumpen

Feuerlöschkreiselpumpen dienen vorwiegend zur Förderung von Löschwasser. Sie werden fest in Löschfahrzeugen oder in Tragkraftspritzen eingebaut. Eine Feuerlöschkreiselpumpe muss in der Lage sein, eine ausreichende Wassermenge unter ausreichendem Druck von einer Wasserentnahmestelle zu einer Brandstelle zu fördern.

Die auch bei großen Förderströmen vergleichsweise geringe Baugröße, die einfache Bauart, die stoßfreie Förderung von Wasser und das Einstellen auf die geforderten Löschwassermengen sind für den Einsatz der Feuerwehr vorteilhaft und können von keiner anderen Pumpenart so erbracht werden. Aufgrund dieser Vorteile können die Nachteile der Feuerlöschkreiselpumpen, d.h. die mögliche Kavitation, die erforderliche Entlüftungseinrichtung, die Empfindlichkeit gegenüber Schmutzwasser und der niedrige Wirkungsgrad der Pumpe, weitgehend vernachlässigt werden.

2.1 Einteilung der Feuerlöschkreiselpumpen

Die genormten Feuerlöschkreiselpumpen werden zunächst unterteilt in Feuerlöschkreiselpumpen mit und ohne Entlüftungseinrichtung.

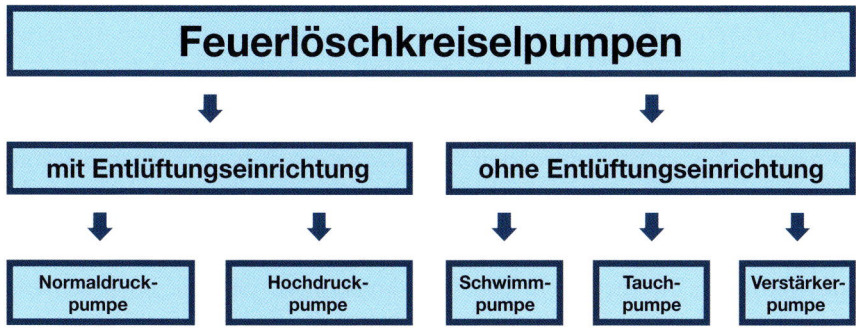

11

Feuerlöschkreiselpumpen werden gemäß DIN EN 1028-1 „Feuerlöschpumpen – Feuerlöschkreiselpumpen mit Entlüftungseinrichtung – Teil 1: Klassifizierung – Allgemeine Sicherheitsanforderungen" genormt. Der Teil 2 dieser Norm befasst sich ausführlich mit der Feststellung der Übereinstimmung der Feuerlöschkreiselpumpen mit den allgemeinen Anforderungen und den Sicherheitsanforderungen und beschreibt dabei umfassend die dazu notwendigen Prüfungen und Prüfverfahren.

Hinweis: Nachfolgend werden sowohl die Feuerlöschkreiselpumpen gemäß der zurückgezogenen Normen DIN 14420-1 und DIN 14420-2 als auch die Feuerlöschkreiselpumpen gemäß der derzeit aktuellen Normen DIN EN 1028-1 und DIN EN 1028-2 behandelt.

Feuerlöschkreiselpumpen in Form von Fahrzeugeinbaupumpen werden als Heck- bzw. Vorbaupumpe fest in/an einem Feuerwehrfahrzeug ein-/angebaut und vom Fahrzeugmotor angetrieben. Motorpumpen können in einem Feuerwehrfahrzeug eingebaut sein. Sie werden aber von einem eigenen Motor angetrieben. Tragkraftspritzen können durch Einsatzkräfte getragen werden und sind nicht dauerhaft in einem Feuerwehrfahrzeug eingebaut. Sie werden ebenfalls von einem eigenen Motor angetrieben.

Feuerlöschkreiselpumpen mit Entlüftungseinrichtungen kommen als ein- bzw. zweistufige Normaldruckpumpe (FPN) mit Betriebsdrücken bis 20 bar zur Anwendung. Für besondere Anwendungsbereiche werden auch mehrstufige Hochdruckpumpen (FPH) mit Betriebsdrücken bis 54,5 bar gefertigt.

Zur Förderung von größeren Förderströmen unter geringem Förderdruck, d. h. freier Auslauf des geförderten Wassers, wie es z. B. beim Auspumpen von Gruben oder Kellerräumen vorkommt, können spezielle Feuerlöschkreiselpumpen für den Lenzbetrieb eingesetzt werden. Diese Pumpenart ist in den aktuellen Normen nicht mehr vorgesehen. Feuerlöschkreiselpumpen gemäß den aktuellen Normen sind jedoch so konstruiert, dass sie ohne weitere Zusatztechnik, unter Beachtung der Vorgaben der Bedienungsanleitung des Pumpenherstellers, für den Lenzbetrieb einsetzbar sind.

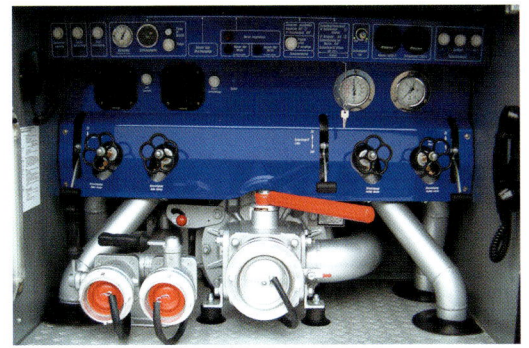

Abbildung 2: Feuerlöschkreiselpumpe als Heck-
pumpe (Quelle: Schlingmann,
Dissen)

Abbildung 3: Feuerlöschkreiselpumpe als Front-
pumpe (Quelle: Thomas
Zawadke, Neu-Ulm)

Abbildung 4: Feuerlöschkreiselpumpe als Trag-
kraftspritze (Quelle: Jöhstadt –
Pumpen/Feuerlöschtechnik)

Feuerlöschkreiselpumpen

Tabelle 1: Leistungswerte von Feuerlöschkreiselpumpen **mit** Entlüftungseinrichtungen gemäß DIN EN 1028-1

Kurz-bezeichnung	Nennförder-druck [bar]	Nennförder-strom [L/min]	Schließdruck [bar]	Grenz-druck [bar)
FPN 6-500	6	500	6 bis 11	11
FPN 10-750	10	750	10 bis 17	17
FPN 10-1000	10	1.000	10 bis 17	17
FPN 10-1500	10	1.500	10 bis 17	17
FPN 10-2000	10	2.000	10 bis 17	17
FPN 10-3000	10	3.000	10 bis 17	17
FPN 10-4000	10	4.000	10 bis 17	17
FPN 10-6000	10	6.000	10 bis 17	17
FPN 15-1000	15	1.000	15 bis 20	20
FPN 15-2000	15	2.000	15 bis 20	20
FPN 15-3000	15	3.000	15 bis 20	20
FPH 40-250	40	250	40 bis 54,5	54,5

Hinweis: Die aufgeführten Nennförderdrücke und Nennförderströme müssen bei einer Nennsaughöhe von 3 m erreicht werden.

Die aufgeführten Leistungswerte gelten als Mindestanforderungen. Auf speziellen Pumpenprüfständen werden in Abhängigkeit von verschiedenen geodätischen Saughöhen und bei maximalen Drehzahlen die tatsächlichen Werte für den Förderstrom und den Förderdruck der zu beurteilenden Feuerlöschkreiselpumpe ermittelt und in einem Diagramm als sogenannte Pumpenkennlinien dargestellt.

Die Pumpe fördert dabei verschiedene Fördermengen, zu der sich ein bestimmter Förderdruck ergibt, so dass die unterschiedlichen Messwerte im Diagramm zu einer Linie verbunden werden können.

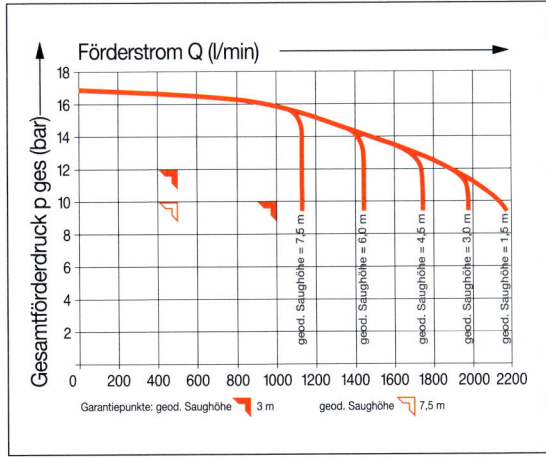

Abbildung 5: Beispiel der Pumpenkennlinie einer FPN 10-1000
(Quelle: Ziegler, Giengen)

Bei der Überprüfung der Leistung der Feuerlöschkreiselpumpe müssen die in der Norm genannten Werte, die als Garantiepunkte bezeichnet werden, mindestens erreicht werden. In der Regel erreichen die Feuerlöschkreiselpumpen aber Werte, die weit oberhalb der Garantiepunkte liegen.

Die früher in Deutschland verwendeten Feuerlöschkreiselpumpen gemäß der im November 2002 zurückgezogenen DIN 14420-2 werden gemäß DIN EN 1028-1 durch folgende Feuerlöschkreiselpumpen ersetzt:

- die FP 8/8 wird ersetzt durch die FPN 10-750
- die FP 16/8 wird ersetzt durch die FPN 10-1500
- die FP 24/8 wird ersetzt durch die FPN 10-2000

Feuerlöschkreiselpumpen **ohne** Entlüftungseinrichtung werden gemäß DIN EN 14710-1 „Feuerlöschpumpen – Feuerlöschkreiselpumpen ohne Entlüftungseinrichtung – Teil 1: Klassifizierung – Allgemeine Sicherheitsanforderungen" genormt. Diese Feuerlöschkreiselpumpen kommen als tragbare Schwimmpumpen, Tauchpumpen oder Verstärkerpumpen bei der Wasserentnahme aus offenen Gewässern zur Anwendung.

15

2.2 Aufbau einer Feuerlöschkreiselpumpe

Eine Feuerlöschkreiselpumpe mit Entlüftungseinrichtung gemäß DIN EN 1028 besteht im Wesentlichen aus den folgenden Bauteilen:

Das **Pumpengehäuse** wird aus einem ringförmigen Hohlkörper mit Druckabgängen gebildet. Es wird zur Saugseite hin durch einen Pumpendeckel abgeschlossen. An der tiefsten Stelle des Pumpengehäuses ist ein von Hand zu betätigender Ablasshahn eingebaut, der zum Entwässern der Pumpe nach ihrem Gebrauch dient.

Das Pumpengehäuse ist mit einem **Pumpendeckel** abgeschlossen. An diesem befindet sich das saugseitige Stützlager für die Pumpenwelle, der Saugeingang mit der Anschlusskupplung für den Saugschlauch und ein Schutzsieb, das ein Eindringen von Schmutzteilen oder Fremdkörpern in das Pumpengehäuse verhindern soll. Feuerlöschkreiselpumpen mit einem Nennförderstrom bis 500 L/min sind mit einer Festkupplung B zum Anschluss für den Saugschlauch und einer Blindkupplung B ausgestattet, Feuerlöschkreiselpumpen mit einem Nennförderstrom von über 500 L/min bis 2.000 L/min mit einer Festkupplung A und einer Blindkupplung A.

Die **Druckstufe** besteht aus einem Laufrad und einem Leitrad, auch Leitapparat genannt. Das Leitrad kann mit dem Pumpengehäuse verschraubt oder eingegossen sein oder eine spiralförmige Erweiterung des Pumpengehäuses (Spiralgehäuse) bilden. Je nach Anzahl der Druckstufen wird zwischen einstufigen und zweistufigen Feuerlöschkreiselpumpen unterschieden.

Durch das in der Mitte offene **Laufrad** tritt das Wasser von der Saugseite her in das Laufrad ein. Von dort gehen Kanäle zum äußeren Rand des Laufrades. Die spezielle schaufelartige Anordnung der Kanäle bewirkt, dass durch die Zentrifugalkraft dem Wasser Geschwindigkeitsenergie zugeführt wird, die im Leitrad in Druckenergie umgewandelt wird. Dabei bestimmen die Form und die Größe des Laufrades den Förderstrom, den Förderdruck und den Wirkungsgrad der jeweiligen Pumpe.

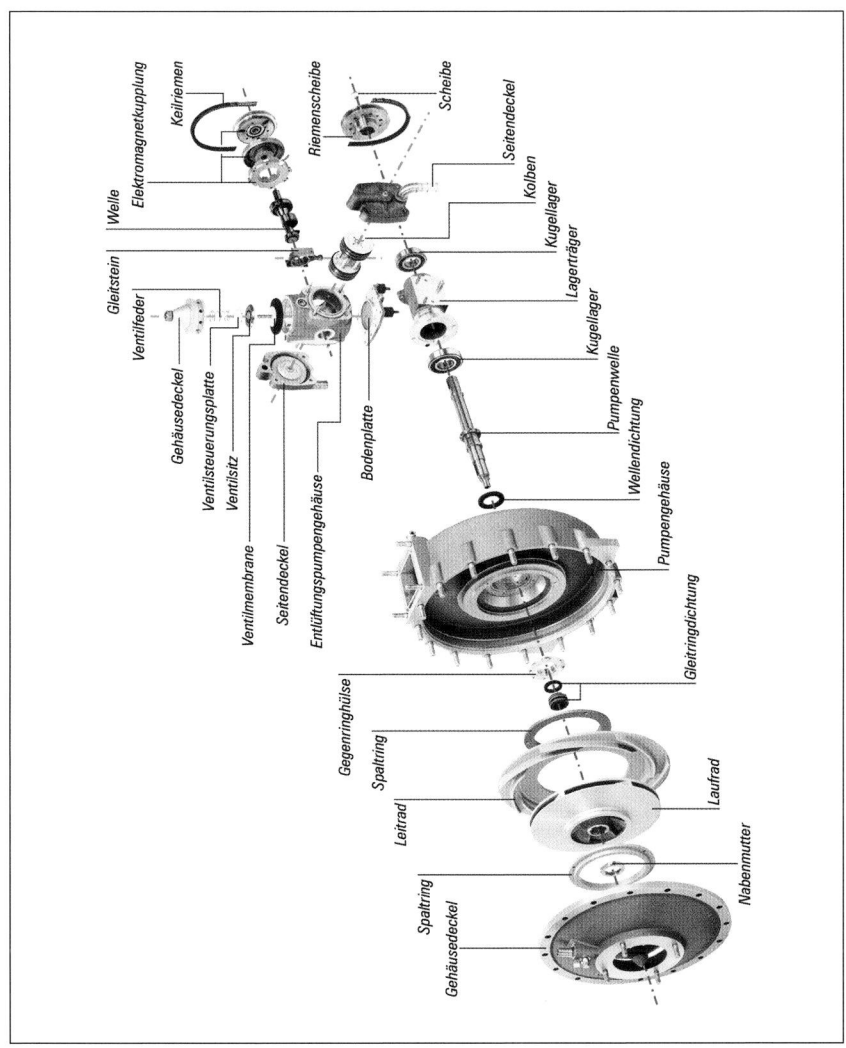

Abbildung 6: Aufbau einer einstufigen Feuerlöschkreiselpumpe
(Quelle: Schlingmann, Dissen)

Die **Pumpenwelle** dient der Kraftübertragung vom Antriebsmotor auf das Laufrad, das mittels Nut und Feder mit der Pumpenwelle verbunden ist. Die Pumpenwelle wird durch **Wellenlager** getragen, die sich auf der Motorseite (Kugel- oder Rollenlager) und der Saugseite (Gleitlager) befinden.

Als luft- und wasserdichter Abschluss der Pumpenwelle nach außen werden wartungsfreie **Pumpenwellenabdichtungen** (Gleitringdichtungen, Radialdichtringe oder Stopfbuchsendichtungen) und als Abdichtung zwischen Saug- und Druckseite innerhalb der Pumpe **Spaltringe** eingesetzt. Die Spaltringe begrenzen den inneren Wasserkreislauf zwischen dem Spalt zwischen Laufrad und Leitrad und erhöhen damit den Wirkungsgrad der Pumpe. Alle Abdichtungen können bei Bedarf erneuert werden.

Die Feuerlöschkreiselpumpe ist mit selbstschließenden **Absperreinrichtungen an den Druckausgängen** (Druckventil - B) ausgestattet. Diese dienen der Unterbrechung des Förderstroms nach Beendigung der Wasserförderung und dem automatischen Verschließen des Druckausgangs vor Beginn eines Entlüftungsvorganges. Die von der Feuerlöschkreiselpumpe direkt nach außen führenden Druckausgänge sind mit Festkupplungen B zum Anschluss für die Druckschläuche und mit Blindkupplungen B ausgestattet.

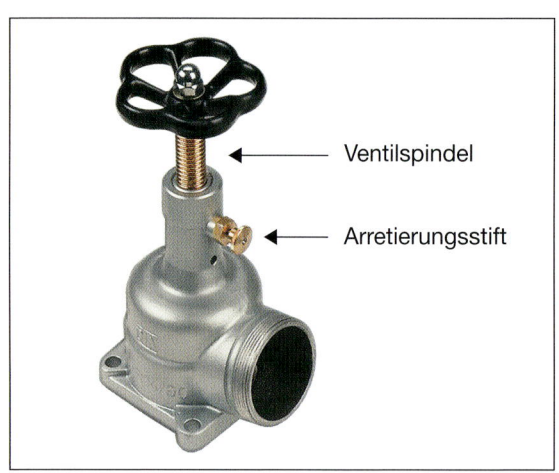

Ventilspindel

Arretierungsstift

Abbildung 7: Selbstschließendes B-Druckventil gemäß DIN 14381 (Quelle: AWG Fittings GmbH)

Ist die Ventilspindel der selbstschließenden Absperreinrichtung (B-Druckventil) bis zum Anschlag eingedreht, presst sie den Ventilteller auf den Ventilsitz, das Ventil ist fest verschlossen. Wird die Ventilspindel bis zum Einrasten des Arretierungsstiftes herausgedreht, drückt eine Druckfeder den Ventilteller weiterhin auf den Ventilsitz, das Ventil bleibt weiterhin geschlossen. In dieser Stellung kann der Saugvorgang vorgenommen werden. Der dann von der Pumpe geförderte Wasserstrom hebt den Ventilteller vom Ventilsitz ab und öffnet das Ventil gegen den Federdruck. Bleibt der Wasserstrom aus (z. B. Abreißen der Wassersäule) wird der Ventilteller durch die Federkraft wieder auf den Ventilsitz gedrückt und somit das Ventil automatisch verschlossen (Wirkung als Rückschlagventil).

Erst wenn der federbelastete Arretierungsstift gezogen wird, kann die Spindel noch weitere zwei bis drei Gewindegänge herausgedreht werden, so dass der Ventilteller vom Ventilsitz gehoben und die Selbstschließeinrichtung ausgeschaltet wird. Dies kann notwendig werden, wenn Pumpe und Saugschlauch bei ausgefallener Entlüftungseinrichtung über den Druckausgang mit Wasser gefüllt werden müssen oder wenn die abgehende Förderleitung über die Pumpe entwässert werden muss.

Hinweis: Die Anzahl der Druckausgänge ist in den Normen der jeweiligen Feuerwehrfahrzeuge festgelegt. In der Regel wird die Anzahl so gewählt, dass bei Nennförderstrom der Feuerlöschkreiselpumpe die Durchflussmenge je Druckausgang 1.000 L/min nicht übersteigt.

Bei Löschfahrzeugen mit einem Löschwasserbehälter kann der Förderstrom über eine **Absperreinrichtung am Saugeingang,** z. B. eine Tankumschaltklappe mit Absperrspindel und Handrad oder ein Tankumschalthahn mit Handhebel, wahlweise über den Saugstutzen der Pumpe oder vom Löschwasserbehälter aus der Feuerlöschkreiselpumpe zugeführt werden.

Druckmessgeräte für Feuerwehrpumpen sind gemäß DIN 14421 „Druckmessgeräte (Manometer) für Feuerwehrpumpen" genormt. Sie arbeiten nach dem Prinzip von anzeigenden Druckmessgeräten mit Plattenfeder als elastisches Messglied und zeigen den Eingangsdruck bzw. Ausgangsdruck der Pumpe als

Überdruck – bezogen auf den Atmosphärendruck der Umgebung – an. Die Anzeige 0 bar an diesen Druckmessgeräten entspricht dabei dem jeweiligen atmosphärischen Luftdruck.

Abbildung 8a und b: Eingangs- und Ausgangsdruckmessgerät
(Quelle: Gemeinschaft Feuerwehrfachhandel Deutschland – gfd –)

An der Saugseite einer Feuerlöschkreiselpumpe befindet sich das Druckmessgerät mit zwei Skalenbereichen für den Eingangsdruck. Der rote Skalenbereich zeigt den Druck beim Saugvorgang als negativen Wert von 0 bar bis –1 bar an. Der schwarze Skalenbereich zeigt den Druck als positiven Wert von 0 bar bis 25 bar an, wenn das Wasser der Pumpe mit Druck zugeführt wird, z.B. von einem Hydranten oder von einer anderen Pumpe. An der Druckseite einer Feuerlöschkreiselpumpe befindet sich das Druckmessgerät mit einem schwarzen Skalenbereich für den Ausgangsdruck. Es zeigt den von der Pumpe erzeugten Druck als positiven Wert bis 25 bar an.

Anhand des **Betriebsstundenzählers** können die in den Betriebsanleitungen vorgesehenen Wartungs- und Pflegezeiträume kontrollieren werden. So gibt z.B. ein umlaufender Zeiger die Minuten und eine Zahlenangabe in der Mitte des Betriebsstundenzählers die Betriebsstunden an.

Feuerlöschkreiselpumpen können aufgrund ihrer Bauart selbst kein Wasser ansaugen. Deshalb wird bei der Verwendung in Tragkraftspritzen oder in Feuerwehrfahrzeugen eine **Entlüftungseinrichtung** benötigt, die nach dem Strahl- bzw. Verdrängerprinzip arbeitet. Soll Löschwasser aus einem offenen Gewässer entnommen werden, wird durch die (automatisch arbeitende) Entlüftungseinrichtung die Luft aus der Pumpe und den angekuppelten Saugschläuchen gesaugt und so ein Unterdruck in der Pumpe erzeugt. Durch den (höheren) äußeren Luftdruck wird dann das Wasser durch die Saugleitung in die Pumpe gedrückt. In der Praxis ist dies bis ca. 8,5 m möglich.

Tabelle 2:   Arten von Entlüftungseinrichtungen

Art	Verwendung
Handkolbenpumpe	nur an kleinen tragbaren Pumpen
Auspuffgasstrahler	nur noch an älteren Pumpen
Doppelkolbenpumpe	Pumpen der Fa. Rosenbauer, Schlingmann, Ziegler
Flüssigkeitsringpumpe	Pumpen der Fa. Bachert und GFT
Trockenringpumpe	Pumpen der Fa. Metz und Jöhstadt
Membranpumpe	Pumpen der Fa. Iveco Magirus

Moderne Feuerlöschkreiselpumpen können mit Zusatzausrüstungen und Systemen ausgestattet werden, die die Einsatzmöglichkeiten einer Feuerlöschkreiselpumpe erweitern und gleichzeitig zu einer Entlastung des Maschinisten führen können. Beispielhaft sind nachfolgend verschiedene Zusatzausrüstungen und Systeme aufgeführt und erläutert:

■ Automatische Wasserzuführungs-Regulierung (Fa. Schlingmann)

Mit der automatischen Wasserzuführungs-Regulierung (AWR) ist es bei Löschfahrzeugen mit Löschwasserbehältern möglich, während der Entnahme des Löschwassers aus dem Löschwasserbehälter eine Zuführungsleitung vom Hydranten oder von anderen Pumpen über die B-Kupplung der AWR an die Pumpe anzuschließen. Sobald der Pumpe über diese Zuführungsleitung Löschwasser zugeführt wird, wird die Entnahme aus dem Löschwassertank automatisch unterbrochen. Ein Umschalten Tank/Pumpeneingang ist nicht mehr erforderlich. Gegenüber der üblichen Löschwasserzufuhr zur Pumpe über ein Sammelstück hat die Einspeisung über die AWR den Vorteil, dass es bei der Unterbrechung der Wasserzufuhr zur Pumpe nicht gleichzeitig zu einer Unterbrechung des Löscheinsatzes kommt, da das Löschwasser dann wieder automatisch dem Löschwasserbehälter entnommen wird. Ferner besteht keine Gefahr des „Leersaugens" der Zuführungsleitung.

■ Automatischer-Pumpenvormischer (Fa. Schlingmann)

Der automatische Pumpenvormischer (APV) ermöglicht eine Schaumerzeugung mit einer voreingestellten Zumischrate unabhängig vom Pumpendruck und Förderstrom des Löschwassers. Nach dem Einschalten der Feuerlöschkreiselpumpe kann der Pumpenvormischer durch Tastendruck in Betrieb genommen werden. Das zugeführte Schaummittel wird in der voreingestellten Zumischrate automatisch dem sich verändernden Förderstrom des Löschwassers zugemischt. An allen Druckabgängen der Feuerlöschkreiselpumpe kann dann ein Schaummittel-Wasser-Gemisch entnommen werden.

■ Druckzumischanlage (Fa. Schlingmann)

Die Druckzumischanlage (AutoMix) führt Schaummittel elektronisch geregelt der Feuerlöschkreiselpumpe zu. Das Schaummittel wird druckseitig durch eine Schaummittelpumpe dem Wasser zugemischt, die antriebsseitig mit der Feuerlöschkreiselpumpe gekoppelt ist, zuschaltbar über eine Elektromagnetkupplung. Die Anlage ist geeignet für alle gängigen CLASS-A-Schaummittel, Mehrbereichs- und AFFF-Schaummittel. Die Versorgung der Anlage erfolgt über einen Schaummitteltank. Bei der Schaummittelpumpe handelt es sich um eine Zahnradpumpe mit einer definierten Leistung. Dadurch ist z.B. eine 1% druckseitige Schaummittelzumischung bis zu einer Wasserfördermenge von 2.400 L/min möglich. Serienmäßig erfolgt die Abgabe des Schaummittel-Wasser-Gemisches über einen B-Druckausgang oder einen eventuell vorhandenen Schaum-/Wasserwerfer.

Optional kann die Abgabe des Schaummittel-Wasser-Gemisches auch über die Schnellangriffseinrichtung Wasser erfolgen. Alle weiteren B-Druckausgänge können gleichzeitig mit Wasser betrieben werden.

■ **Druckregelsystem (Fa. Ziegler)**

Das Druckregelsystem (TOURMAT D) ist eine automatische Pumpendruckregelung für Feuerlöschkreiselpumpen. Sie entlastet den Maschinisten von Regel- bzw. Überwachungsaufgaben und hält bei veränderten Fördermengen den Pumpenausgangsdruck andauernd gleich. Druckänderungen durch unterschiedliche Fördermengen, z. B. beim Öffnen und Schließen von Strahlrohren werden bereits im Entstehen erkannt und schnell ausgeregelt. Der gewünschte Pumpenausgangsdruck wird über einen Drehknopf auf dem Bedien- und Kontrolltableau der Pumpe gewählt. Ist der Pumpenausgangsdruck niedriger oder höher als der gewählte Druck, steuert der Regelkreis direkt die elektronische Gasverstellung des Fahrzeuges und somit die Drehzahl der Pumpe so lange an, bis der gewünschte Druck erreicht ist.

Hinweis: Vergleichbare Zusatzausrüstungen und Systeme werden auch von anderen Pumpenherstellern angeboten.

2.3 Anforderungen an Feuerlöschkreiselpumpen

Die für den Bau einer Feuerlöschkreiselpumpe verwendeten Werkstoffe, vor allem die Teile der Pumpe, die mit den zu fördernden Flüssigkeiten in Verbindung kommen, müssen korrosionsbeständig sein. Ist eine besondere Korrosionsbeständigkeit erforderlich, z. B. bei der Förderung von Seewasser, müssen dafür geeignete Werkstoffe (Bronze o. Ä.) vereinbart werden.

Feuerlöschkreiselpumpen müssen den in der Norm festgelegten Sicherheitsanforderungen entsprechen. In der Bedienungsanleitung des Herstellers einer Feuerlöschkreiselpumpe müssen Sicherheitshinweise mit Angaben zu den erforderlichen persönlichen Schutzausrüstungen und Warnhinweise für den Betrieb und die Instandhaltung der Pumpe aufgeführt sein.

Die Feuerlöschkreiselpumpe muss auf einem Fabrikschild aus Metall oder direkt auf dem Pumpengehäuse mit dem Firmennamen des Herstellers, dem Typ und der Bezeichnung der Pumpe, der Seriennummer und dem Baujahr, der Nenndrehzahl, dem Übersetzungsverhältnis des Pumpengetriebes und dem Grenzdruck gekennzeichnet sein. Die Drehrichtung der Pumpenwelle muss durch einen Pfeil dauerhaft auf dem Pumpendeckel markiert und im eingebauten Zustand der Pumpe gut sichtbar sein. Schmierstellen (gelb) und Entleerungseinrichtungen (blau) müssen farblich gekennzeichnet sein.

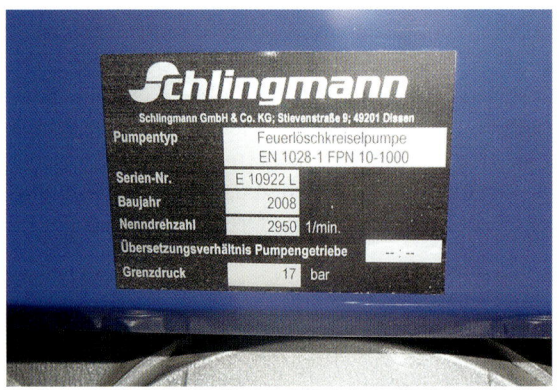

Abbildung 9: Fabrik-schild einer Feuerlösch-kreiselpumpe

Alle von Hand zu betätigenden Einrichtungen einer Feuerlöschkreiselpumpe und sonstige Stellteile müssen sowohl leicht erreichbar als auch ohne übermäßigen Kraftaufwand zu betätigen sein. Die Start- und Stoppeinrichtungen der Pumpe müssen jederzeit deutlich zu erkennen sein.

Die Feuerlöschkreiselpumpen mit Entlüftungseinrichtungen gemäß DIN EN 1028 müssen durch geschultes Personal ausschließlich zu Feuerlöschzwecken eingesetzt werden können. Dabei muss der jeweilige Aufstellort einen sicheren Betrieb der Pumpe zulassen. Die einwandfreie Funktion der Einrichtungen der Pumpe muss bei Umgebungstemperaturen zwischen −15 °C und 40 °C sichergestellt sein, wobei in unmittelbarer Umgebung der Pumpe die Temperatur um 20 °C höher sein kann.

2.4 Arbeitsweise einer Feuerlöschkreiselpumpe

Eine Feuerlöschkreiselpumpe ist eine Strömungsmaschine, bei der das Wasser nicht durch Kolbenbewegungen, sondern durch Strömungsbewegungen in der Pumpe gefördert wird. Der erforderliche Förderdruck wird von einer Druckstufe (Laufrad, Leitrad) aufgebracht und dem Druckabgang zugeleitet. Die Leistung der Pumpe ist dabei abhängig von der Größe und Form des Laufrades und des Leitrades und von der Drehzahl der Pumpenwelle.

Die Kraftübertragung erfolgt von einem Verbrennungsmotor unmittelbar oder über ein Getriebe auf die Pumpenwelle, auf der das Laufrad befestigt ist bzw. die Laufräder befestigt sind.

Füllt sich eine Feuerlöschkreiselpumpe nach dem Entlüften über den Sauganschluss mit Wasser oder wird der Pumpe über eine Druckleitung von einem Hydranten Wasser zugeführt, fließt das Wasser dem sich mit hoher Drehzahl drehenden Laufrad der Pumpe zu. Das Wasser wird von den Schaufeln des Laufrades erfasst, durch die nach außen größer werdenden Kanäle weitergeleitet und durch die Fliehkraft zum äußeren Rand des Laufrades beschleunigt. Durch die stetige Erweiterung der Kanäle des Laufrades wird die Fließgeschwindigkeit des Wassers bereits vermindert und diese Beschleunigungsenergie teilweise in Druckenergie umgewandelt.

Das mit weiterhin hoher Beschleunigungsenergie und mit gewissem Druck aus den Laufradkanälen austretende Wasser wird in dem nachgeschalteten Leitrad, dessen Kanalquerschnitte sich ebenfalls stetig erweitern, aufgefangen. Durch dieses weitere Abbremsen der Fließgeschwindigkeit des Wassers wird wiederum Beschleunigungsenergie in Druckenergie umgewandelt. Aus dem Leitapparat strömt das Wasser in den Druckkanal des Pumpengehäuses. Dieser erweitert sich ebenfalls spiralförmig nach außen, was zu einer weiteren Druckerhöhung führt.

Am Druckkanal befinden sich dann die Öffnungen mit den Druckventilen, an denen das Wasser aus der Pumpe entnommen und den angekuppelten Druckschläuchen zugeführt werden kann.

In einer zweistufigen Feuerlöschkreiselpumpe strömt das Wasser vom ersten Laufrad in das erste Leitrad und von dort durch ein zweites Laufrad in ein weiteres Leitrad und dann weiter in den Druckkanal. Dadurch wird der Druck jeweils weiter erhöht.

Einstufige Feuerlöschkreiselpumpen sind aufgrund ihres höheren Wirkungsgrades für die Verwendung bei geringen geodätischen Saughöhen und beim Hydrantenbetrieb besonders geeignet, zweistufige Feuerlöschkreiselpumpen bei höheren geodätischen Saughöhen. Der Druck wird bei zweistufigen Pumpen nacheinander aufgebaut. Daher sind die Fließgeschwindigkeiten in der Pumpe und somit auch die Kavitationsgefahr geringer. Zweistufige Feuerlöschkreiselpumpen haben jedoch einen etwas geringeren Wirkungsgrad.

2.5 Begriffe

In der DIN EN 1028-1 sind verschiedene Begriffe für Feuerlöschkreiselpumpen festgelegt und näher erläutert:

- **Förderstrom Q [L/min]** – die von der Feuerlöschkreiselpumpe geförderte Wassermenge je Zeiteinheit.
- **Nennförderstrom Q_N [L/min]** – der festgelegte Förderstrom bei Nennförderdruck, Nenndrehzahl und geodätischer Nennsaughöhe.
- **Eingangsdruck p_e [bar]** – der Druck am Eingangsquerschnitt (Saugeingang) der Pumpe. Er wird als positiver oder negativer manometrischer Druck durch das Eingangsdruckmessgerät angezeigt.
- **Ausgangsdruck p_a [bar]** – der Druck am Austrittsquerschnitt (B-Druckausgang) der Pumpe. Angezeigt als manometrischer Druck durch das Ausgangsdruckmessgerät.
- **Förderdruck p [bar]** – der Unterschied zwischen dem Ausgangsdruck und dem Eingangsdruck. Der Förderdruck wird errechnet ($p = p_a - p_e$).
- **Nennförderdruck p_N [bar]** – der festgelegte Förderdruck für den Nennförderstrom (z.B. bei einer FPN 10-1000 = 10 bar).

26

- **Grenzdruck** $p_{a\,lim}$ **[bar]** – der bei Betrieb der Pumpe maximal zulässige Ausgangsdruck.
- **Schließdruck** p_{a0} **[bar]** – der Ausgangsdruck bei einem Förderstrom von 0 L/min, d. h. geschlossene Druckausgänge, bei geodätischer Nennsaughöhe und bei Höchstdrehzahl der Pumpe. Er muss gleich oder größer als der Nennförderdruck und gleich oder kleiner als der Grenzdruck sein.
- **Statischer Prüfdruck** p_{ps} **[bar]** – der Druck, mit dem bei stillstehender Pumpe die Eingangsseite der Pumpe auf Dichtigkeit geprüft wird.
- **Dynamischer Prüfdruck** p_{pd} **[bar]** – der Druck, mit dem bei laufender Pumpe die druckbeaufschlagten Bauteile der Pumpe auf Dichtigkeit geprüft werden.
- **Drehzahl** n **[1/min^{-1}]** – die vom Antriebsmotor auf die Pumpenwelle jeweils übertragene Anzahl von Umdrehungen pro Minute.
- **Nenndrehzahl** n_N **[1/min^{-1}]** – die Drehzahl der Pumpenwelle/des Laufrades bei Nennförderleistung.
- **Ansaugdrehzahl** n_S **[1/min^{-1}]** – die vom Hersteller der Pumpe bevorzugte Drehzahl der Pumpenwelle/des Laufrades.
- **Höchstdrehzahl** n_0 **[1/min^{-1}]** – die vom Hersteller der Pumpe angegebene maximale Drehzahl der Pumpenwelle/des Laufrades.
- **Geodätische Saughöhe** $H_{S\,geo}$ **[m]** – der Höhenunterschied zwischen der Eintrittsmitte des Laufrades (Pumpenwellenmitte) und dem saugseitigen Wasserspiegel, bei einem Luftdruck von 1.013 mbar und einer Wassertemperatur von + 4 °C.
- **Geodätische Nennsaughöhe** $H_{S\,geoN}$ **[m]** – der für den Nennförderstrom festgelegte Höhenunterschied zwischen der Eintrittsmitte des Laufrades (Pumpenwellenmitte) und dem saugseitigen Wasserspiegel, bei einem Luftdruck von 1.013 mbar und einer Wassertemperatur von + 4 °C. Die geodätische Nennsaughöhe ist auf 3 m festgelegt.
- **Entlüftungszeit t [s]** – die erforderliche Zeit, um die Pumpe einschließlich ihrer Saugleitung zu entlüften und das Wasser mit (positivem) Druck bis zu den Druckausgängen zu fördern.

2.6   Leistungswerte einer Feuerlöschkreiselpumpe

Für Feuerlöschkreiselpumpen werden bestimmte Garantiepunkte vorausgesetzt und geprüft, die diese Pumpe in Abhängigkeit von ihrer Konstruktion und ihrem Antriebsmotor mindestens erbringen muss. In der DIN EN 1028-1 sind folgende Garantiepunkte festgelegt:

Garantiepunkt 1: Bei einer geodätischen Nennsaughöhe $H_{S\,geoN}$ von 3 m muss mindestens der Nennförderdruck p_N und der Nennförderstrom Q_N bei Nenndrehzahl n_N (± 5 %) erreicht werden.

Garantiepunkt 2: Bei einer geodätischen Saughöhe $H_{S\,geo}$ von 7,5 m und dem Nennförderdruck p_N muss mindestens der halbe Nennförderstrom Q_N erreicht werden.

Garantiepunkt 3: Bei einer geodätischen Saughöhe $H_{S\,geo}$ von 3 m und dem 1,2-fachen Nennförderdruck p_N muss mindestens der halbe Nennförderstrom Q_N bei einer Drehzahl kleiner der Höchstdrehzahl n_0 erreicht werden.

Tabelle 3:   Leistungswerte bestimmter Feuerlöschkreiselpumpen

	FPN				FPH
	10-750	10-1000	10-1500	10-2000	40-250
geod. Nennsaughöhe [m]	3	3	3	3	3
Nennförderdruck [bar]	10	10	10	10	40
Nennförderstrom [l/min]	750	1000	1500	2000	250
geod. Saughöhe [m]	7,5	7,5	7,5	7,5	–
Nennförderdruck [bar]	10	10	10	10	–
Förderstrom [l/min]	375	500	750	1000	–
geod. Saughöhe [m]	3	3	3	3	3
Förderdruck [bar]	12	12	12	12	48
Förderstrom [l/min]	375	500	750	1000	125
Schließdruck [bar]	10–17	10–17	10–17	10–17	40–54,5

2.7 Überprüfung einer Feuerlöschkreiselpumpe

Feuerlöschkreiselpumpen müssen in regelmäßigen Zeitabständen und bei Bedarf überprüft werden, um ihre Funktionssicherheit zu gewährleisten. Nach Reparaturen, Wartungsarbeiten oder längeren Einsätzen sollten stets Überprüfungen sattfinden. Zu diesen Überprüfungen gehören neben den allgemeinen Sichtprüfungen die Trockensaugprüfung, die Druckprüfungen, die Leistungsprüfung und die Schließdruckprüfung.

2.7.1 Trockensaugprüfung

Die Trockensaugprüfung wird zur Ermittlung von Störungen und Beschädigungen, die eventuell durch den Betrieb der Pumpe eingetreten sind, zur Kontrolle der Dichtheit von Pumpengehäuse und Armaturen und zur Funktionsprüfung der Entlüftungsleitung durchgeführt. Diese Prüfung ist mindestens vierteljährlich, nach jeder Inbetriebnahme der Pumpe und nach Reparaturen bzw. Wartungsarbeiten an der Pumpe durchzuführen. Sie wird ohne Wasserentnahmestelle und ohne Schläuche („trocken") durchgeführt.

Trockensaugprüfung

- Pumpe entwässern
- B-Blindkupplungen an den Druckausgängen abnehmen
- Niederschraubventile, Kugelhähne und Ablasshähne schließen
- Sauganschluss mit A-Blindkupplung verschließen
- Feuerlöschkreiselpumpe gemäß Bedienungsanleitung in Betrieb setzen
- Entlüftungseinrichtung in Betrieb setzen
- Eingangsdruckmessgerät beobachten
- **Innerhalb 30 Sekunden muss ein Druck von mind. −0,8 bar erzeugt werden!**
- Entlüftungseinrichtung ausschalten
- Gashebel auf Leerlauf stellen und Antriebsmotor abstellen
- Eingangsdruckmessgerät beobachten
- **Druck darf innerhalb von 60 Sekunden nicht mehr als 0,1 bar abfallen!**

Werden Prüfbedingungen der Trockensaugprüfung nicht erreicht oder bestehen Zweifel an der Dichtigkeit, wird eine Druckprüfung bei stillstehender (statischer Prüfdruck) und laufender Feuerlöschkreiselpumpe (dynamischer Prüfdruck) durchgeführt, um die undichte Stelle zu finden.

Statische Druckprüfung

- B-Blindkupplungen an den Druckausgängen abnehmen
- Niederschraubventile, Kugelhähne und Ablasshähne schließen
- Wasser mit Druck einer zweiten Pumpe in den Saugstutzen leiten
- Niederschraubventile kurz öffnen damit Luftpolster entweicht
- **Stillstehende Pumpe mit 1,5-fachem Nennförderdruck beaufschlagen**
- Druck für die Dauer von 5 min gleichbleibend halten
- Undichte Stellen ermitteln

Dynamische Druckprüfung

- B-Blindkupplungen an den Druckausgängen abnehmen
- Niederschraubventile, Kugelhähne und Ablasshähne schließen
- Wasser mit Druck einer zweiten Pumpe in den Saugstutzen leiten
- **Laufende Pumpe mit jeweiligem dynamischem Prüfdruck beaufschlagen**
- Niederschraubventile kurz öffnen, damit Luftpolster entweicht
- Druck für die Dauer von 1 min gleichbleibend halten
- Undichte Stellen ermitteln

2.7.2 Leistungsprüfung

Die Leistungsprüfung wird zur Kontrolle der Garantiepunkte einmal jährlich durchgeführt. Zur genauen Kontrolle ist die Prüfung auf einem Pumpenprüfstand erforderlich. Steht dieser nicht zur Verfügung, kann eine einfache Prüfung durch den Anschluss unterschiedlicher Strahlrohre (mit/ohne Mundstück) durchgeführt werden. Die unterschiedlichen Wasserdurchflüssen der Strahlrohre in Abhängigkeit vom jeweiligen Druck lassen sich aus entsprechenden Wasserlieferungstabellen entnehmen.

Tabelle 4: Werte für die Wasserlieferung von Strahlrohren [1)]

Druck [bar]	C-Rohr mit Mundstück (9 mm)	C-Rohr ohne Mundstück (12 mm)	B-Rohr mit Mundstück (16 mm)	B-Rohr ohne Mundstück (22 mm)
	Wasserdurchfluss Q [L/min]			
1,0	53	94	165	315
1,5	65	115	205	385
2,0	74	135	235	445
2,5	83	150	265	500
3,0	91	165	290	550
3,5	98	175	315	590
4,0	105	190	335	630
4,5	112	200	355	670
5,0	118	210	375	705
5,5	123	220	390	740
6,0	129	230	410	775
6,5	134	240	425	805
7,0	139	250	440	835
7,5	144	260	460	865
8,0	149	265	475	895
8,5	154	275	490	920
9,0	158	280	500	950
9,5	162	290	515	975
10,0	167	295	530	1.000
11,0	175	310	555	1.050
12,0	183	325	580	1.090
13,0		340	605	1.140
14,0		350	625	1.180
15,0		365	650	1.220
16,0		375	670	1.260

[1)] Die angegebenen Werte beziehen sich auf Mehrzweckstrahlrohre gemäß der zurückgezogenen DIN 14365

2.7.3 Schließdruckprüfung

Die Schließdruckprüfung wird zur Kontrolle des maximalen Ausgangs-
drucks bei geschlossenen Druckausgängen durchgeführt.

Schließdruckprüfung

- B-Blindkupplungen an den Druckausgängen abnehmen
- Niederschraubventile, Kugelhähne und Ablasshähne schließen
- Feuerlöschkreiselpumpe gemäß Bedienungsanleitung in Betrieb setzen
- Pumpe vollkommen mit Wasser füllen
- Antriebsmotor kurzzeitig auf Höchstdrehzahl bringen
- Erreichten Druck am Ausgangsdruckmessgerät ablesen
- **Schließdruck muss zwischen 10 bar und 17 bar liegen**
- **Vorsicht:** Bei längerer Laufzeit erwärmt sich das Wasser in der Pumpe

---

2.8 Kavitation

Feuerlöschkreiselpumpen arbeiten nach physikalischen Gesetzen, die bei
Nichtbeachtung zu erheblichen betrieblichen Störungen oder zu erheblichen
Beschädigungen der Pumpe führen können. Kavitation ist die durch Druck-
schwankungen entstehende Bildung und Auflösung von Dampfblasen in
Flüssigkeiten. Bei diesem Vorgang können extreme Druck- und Temperatur-
spitzen auftreten. Kommt es zur Kavitation an der Oberfläche fester Körper,
z. B. am Laufrad einer Feuerlöschkreiselpumpe, kann sogenannter Kavitati-
onsfraß entstehen. Das Oberflächenmaterial wird durch die hohen mechani-
schen Beanspruchungen an mikroskopisch kleinen Stellen verformt.

Beim Betrieb einer Feuerlöschkreiselpumpe besteht die Gefahr der Kavitation
vor allem beim Erzeugen großer Förderströme, bei hohen geodätischen Saughöhen oder bei freiem Auslauf des geförderten Wassers am Druckausgang,
bei dem mehr Wasser abgegeben wird als der Luftdruck nachdrücken kann.

Hinweis: Die Kavitation ist vor allem durch das Auftreten von unüblichen prasselnden bis kreischenden Geräuschen in der Pumpe erkennbar.

Zur Vermeidung der Kavitation sollten große geodätische Saughöhen und ein freier Auslauf des geförderten Wassers (im Lenzbetrieb) vermieden werden. Gegebenenfalls sind die Drehzahl der Pumpe und/oder die aufzubringende Fördermenge zu verringern.

Wird der Feuerlöschkreiselpumpe das zu fördernde Wasser über Druckleitungen zugeführt (z.B. im Hydrantenbetrieb), ist die Gefahr der Entstehung von Kavitation gering, da sich bei einer zu hohen Wasserabgabe und abnehmendem Eingangsdruck die Druckleitung „zusammenklappen" wird und eine weitere Förderung zum Erliegen kommt.

2.9 Selbstkontrolle und Testfragen

(Lösungen siehe Seite 80)

1. Welche Arten von Feuerlöschkreiselpumpen werden unterschieden?

a) Normaldruckpumpen mit Entlüftungseinrichtung
b) Normaldruckpumpen ohne Entlüftungseinrichtung
c) Verstärkerpumpen mit Entlüftungseinrichtung
d) Verstärkerpumpen ohne Entlüftungseinrichtung
e) Hochdruckpumpen mit Entlüftungseinrichtung

2. **Welche Feuerlöschkreiselpumpen gemäß DIN EN 1028 werden von den Feuerwehren verwendet?**

a) FPN 10-750
b) FPN 16-800
c) FPH 40-250
d) FP 16/8

3. **Welche Bauteile gehören zu einer Feuerlöschkreiselpumpe?**

a) Pumpengehäuse mit Laufapparat und Druckwelle
b) Pumpengehäuse mit Ablasshahn und Druckabgängen
c) Druckstufe mit Laufrad und Leitrad
d) Selbstschließende Absperreinrichtungen an den Druckeingängen
e) Selbstschließende Absperreinrichtungen an den Druckausgängen

4. **Welche Arten von Entlüftungseinrichtungen werden für Feuerlöschkreiselpumpen verwendet?**

a) Doppelkolbenpumpe
b) Handgaspumpe
c) Membranpumpe
d) Auspuffgasstrahler
e) Flüssigkeitsgasstrahler

5. Welche Erläuterung gilt für den Förderdruck?

a) Unterschied zwischen dem Luftdruck und dem Eingangsdruck
b) Unterschied zwischen dem Ausgangsdruck und dem Eingangsdruck
c) Festgelegter Druck für den Nennförderstrom
d) Druck am Saugeingang der Pumpe
e) Druck am B-Druckausgang der Pumpe

6. Was ist ein Garantiepunkt?

a) Der Zeitpunkt des Ablaufs der Herstellergarantie
b) Die Dauer der Herstellergarantie
c) Eine bestimmte Leistung, die eine Feuerlöschkreiselpumpen mindestens erbringen muss
d) Eine bestimmte Wassermenge, die eine Feuerlöschkreiselpumpen mindestens fördern muss

7. Welche Prüfungen kann der Maschinist unmittelbar an der Feuerlöschkreiselpumpe durchführen?

a) Die Trockensaugprüfung
b) Die statische und dynamische Druckprüfung
c) Die Schließdruckprüfung
d) Die Leistungsdruckprüfung
e) Die Abnahmeprüfungen

8. Wodurch kann Kavitation in einer Feuerlöschkreiselpumpe entstehen?

a) Durch Erzeugen sehr großer Förderströme
b) Durch Erzeugen sehr kleiner Förderströme
c) Bei einer niedrigen geodätischen Saughöhe
d) Bei einer hohen geodätischen Saughöhe
e) Bei freiem Auslauf des geförderten Wassers am Druckausgang
f) Bei freiem Einlauf des geförderten Wassers am Druckeingang

3 Tragkraftspritzen

Tragkraftspritzen sind tragbare Feuerwehrpumpen, die auf bestimmten Feuerwehrfahrzeugen oder Anhängefahrzeugen mitgeführt und von Einsatzkräften zur unmittelbaren Verwendungsstelle getragen werden. Sie können auch an Stellen zum Einsatz gebracht werden, die von Löschfahrzeugen aufgrund der Größe und der Masse nicht erreichbar sind.

Abbildung 10: Tragkraftspritze im Einsatz

Trotz moderner Löschfahrzeuge sind Tragkraftspritzen immer noch wesentliche Einsatzmittel der Feuerwehr und – vor allem in kleineren Feuerwehreinheiten – oftmals die einzige Pumpe für den Brandeinsatz. Sie werden in Bereichen, in denen das Hydrantennetz nicht so weitreichend ausgebaut ist, zur Löschwasserentnahme aus offenen Gewässern oder – über Unterflur- oder Überflurhydranten – aus dem öffentlichen Wasserversorgungsnetz zum Fördern von Löschwasser und zur Druckverstärkung innerhalb einer Löschwasserförderung über lange Wegestrecken eingesetzt. Weitere Einsatzgebiete sind das Abpumpen von Wasser bei Unwetter- oder Hochwassereinsätzen und die Verwendung bei Feuerwehrwettbewerben.

3.1 Einteilung der Tragkraftspritzen

Tragkraftspritzen werden in unterschiedlichen Leistungsklassen hergestellt und nach dem Typ der verwendeten Feuerlöschkreiselpumpe klassifiziert und bezeichnet. Mit der Einführung der DIN EN 14466 wurde aus einer bislang bekannten Tragkraftspritze TS eine Tragkraftspritze PFPN (Portable Fire Pump Normal Pressure = tragbare Feuerlöschpumpe Normaldruck).

Die Kurzbezeichnung für eine Tragkraftspritze entsprechend der aktuellen Norm setzt sich aus dem Begriff PFPN, dem Wert für den Nennförderdruck p_N und dem Wert für den Nennförderstrom Q_N zusammen.

Tabelle 5: Allgemein verwendete Typen der Tragkraftspritzen

Typ	Norm	Nennförderdruck	Nennförderstrom
TS 2/5	DIN 14410 [1]	5 bar	200 L/min
TS 4/5	DIN 14410 [1]	5 bar	400 L/min
TS 8/8	DIN 14410 [1]	8 bar	800 L/min
TS 24/3	DIN 14410 [1]	3 bar	2.400 L/min
PFPN 6-500	DIN EN 14466	6 bar	500 L/min
PFPN 10-750	DIN EN 14466	10 bar	750 L/min
PFPN 10-1000	DIN EN 14466	10 bar	1.000 L/min
PFPN 10-1500	DIN EN 14466	10 bar	1.500 L/min
PFPN 15-1000	DIN EN 14466	15 bar	1.000 L/min

[1] im April 2005 zurückgezogen und durch die DIN EN 14466 ersetzt

Hinweis: Als Ersatz für die in Deutschland weit verbreitete Tragkraftspritze TS 8/8 wird die Tragkraftspritze PFPN 10-1000 gemäß der aktuellen Norm DIN EN 14466 empfohlen. Die Tragkraftspritzen TS 2/5, TS 4/5 und TS 24/3 werden nicht mehr von der aktuellen Norm erfasst, da hierfür keine Pumpen gemäß DIN EN 1028 zur Verfügung stehen.

Tragkraftspritzen

Tabelle 6: Technische Daten bestimmter Tragkraftspritzen

Typ	FOX	ULTRA POWER	FIRE 1000	ZL 1500
Hersteller	ROSENBAUER INTERNATIONAL Leonding	Albert Ziegler Feuerwehrgeräte Giengen	Iveco Magirus Brandschutztechnik Ulm	PF Pumpen und Feuerlöschtechnik Jöhstadt
Pumpe	einstufige Feuer-löschkreiselpumpe	einstufige Feuer-löschkreiselpumpe	zweistufige Feuer-löschkreiselpumpe	einstufige Feuer-löschkreiselpumpe
Ausführung	PFPN 10-1000 PFPN 10-1500 PFPN 15-1000	PFPN 10-1000 PFPN 10-1500	PFPN 10-1000	PFPN 10-1500
max. Leistung (bei 3 m Saughöhe)	1.600 L/min - 10 bar 1.820 L/min - 8 bar	1.700 L/min - 10 bar 1.900 L/min - 8 bar	1.330 L/min - 10 bar 1.730 L/min - 8 bar	1.500 L/min - 10 bar 1.700 L/min - 8 bar
Entlüftungs-einrichtung	automatische Kolbenpumpe	TROKOMAT automatische Kolbenpumpe	PRIMATIC automatische Membranpumpen	VACUMAT automatische Dop-pelkolbenpumpe
Antrieb	2-Zylinder-4-Takt-Boxermotor	3-Zylinder-4-Takt-Reihenmotor	4-Zylinder-4-Takt-Reihenmotor	2-Zylinder-2-Takt-Benzinmotor
Hubraum und Leistung	1.170 cm^3 50 kW	1.198 cm^3 45 kW	1.242 cm^3 54 kW	625 cm^3 36 kW
Starteinrichtung	Elektrostarter	Elektrostarter	Seilzug- und Elektrostarter	Seilzugstarter oder Seilzug- und Elektrostarter
Abmessungen (L × B × H in mm)	945 × 740 × 840	1.042 × 710 × 820	1.092 × 749 × 842	1.077 × 730 × 770
Tragegestell	Aluminiumrahmen mit vier schwenk-baren Tragegriffen	Aluminiumrahmen mit vier klapp- und drehbaren Griffen	Edelstahlrahmen mit allseitig zwei festen Handgriffen	Edelstahlrahmen mit vier klapp- und drehbaren Griffen
Masse (betriebsbereit)	167 kg	195 kg	189 kg	145 kg (nur Seilzug) 154 kg (mit Elektro)
Optionen	Seilzugstarter automatische Pumpendruck-regelung	Seilzugstarter automatische Pumpendruck-regelung		Pumpengehäuse und Laufrad aus Bronze

3.2 Aufbau der Tragkraftspritzen

Tragkraftspritzen sind durch einen Verbrennungsmotor angetriebene Feuerlöschkreiselpumpen, die zusammen mit dem Antriebsmotor und dem dazu-
gehörenden Kraftstoffbehälter auf einer Rahmenkonstruktion, die auch als
Tragegestell dient, montiert sind.

Abbildung 11: Trag-
kraftspritze PFPN 10-1500
(Quelle: Jöhstadt – Pumpen/
Feuerlöschtechnik)

Eine Tragkraftspritze PFPN gemäß DIN EN 14466 „Feuerlöschpumpen –
Tragkraftspritzen – Sicherheits- und Leistungsanforderungen, Prüfungen"
besteht aus folgenden wesentlichen Bauteilen:

- der Feuerlöschkreiselpumpe mit Entlüftungseinrichtung
- der Antriebsmaschine (Verbrennungsmotor)
- der von Hand ein- und ausrückbaren Kupplung
- dem Kraftstoffbehälter
- den Bedienelementen und Anzeigeinstrumente
- der Beleuchtung
- der Rahmenkonstruktion (Tragegestell)
- dem Zubehör

3.2.1 Feuerlöschkreiselpumpe mit Entlüftungseinrichtung

Die für die Tragkraftspritzen verwendeten Feuerlöschkreiselpumpen und Entlüftungseinrichtungen müssen hinsichtlich ihrer Ausführung, ihrer Leistung sowie der saug- und druckseitigen Bestückung der Norm DIN EN 1028 entsprechen. Der Aufbau und die Arbeitsweise dieser Pumpen sind im Kapitel 2 näher beschrieben. Die für die Tragkraftspritzen geforderten Leistungswerte entsprechen denen der vergleichbaren Fahrzeugeinbaupumpen.

3.2.2 Antriebsmaschine

Die Tragkraftspritzen werden durch einen Verbrennungsmotor angetrieben. Während in der Vergangenheit oftmals VW-Industriemotoren 122 oder ZW 1103 Zweitakt-Motoren verwendet wurden, kommen heute moderne 2-, 3- oder 4-Zylinder 2- oder 4-Takt-Benzinmotoren mit Antriebsleistungen bis 54 kW zum Einsatz. Der Motor kann mit einer Handstarteinrichtung (Handkurbel oder Seilzug) oder einer Elektrostartvorrichtung gestartet werden.

Um unzulässig hohe Drehzahlen des Motors zu vermeiden, ist ein Drehzahlbegrenzer eingebaut. Darüber hinaus verfügt die Tragkraftspritze über eine Stoppeinrichtung, die an der Bedienerposition betätigt werden kann. Die Auspuffanlage des Motors ist so gestaltet, dass es zu keiner Abgasemission in Richtung des Bedieners der Tragkraftspritze kommt. Das Ende des Abgasrohres ist so gestaltet und angeordnet, dass ein abnehmbarer Abgasschlauch, der als Zubehör mitgeliefert wird, verwendet werden kann.

3.2.3 Kraftübertragung

Die Kraftübertragung zwischen der Feuerlöschkreiselpumpe und dem Antriebsmotor wird durch eine während des Betriebes von Hand ein- und ausrückbare Kupplung hergestellt. Durch diese Kupplung sind ein leichteres Starten der Antriebsmaschine und eine längerdauernde Unterbrechung der Wasserförderung bei laufender Antriebsmaschine möglich.

3.2.4 Kraftstoffbehälter

Der fest eingebaute Kraftstoffbehälter ist so bemessen, dass der unabhängige Betrieb bei Nennleistung für die Dauer von mindestens einer Stunde sichergestellt ist. Füllstutzen in Kraftstoffbehältern sind so gestaltet und angeordnet, dass ein leichtes Nachtanken mit Hilfe von Kraftstoffkanistern möglich ist und die Gefahr des Verspritzens von Kraftstoff auf heiße Teile auf ein Mindestmaß reduziert wird.

Zur Verlängerung des Betriebs der Tragkraftspritze wird eine Fremdbetankung empfohlen, sofern der Hersteller ein Betanken während des laufenden Betriebs nicht zulässt. Die Fremdbetankung kann z.B. mittels eines Dreiwegehahnes mit Schnellkupplungsanschluss zur externen Versorgung über ein Kraftstoffentnahmegerät aus einem 20-Liter-Kanister oder durch Tausch eines als Kraftstofftank verwendeten 20-Liter-Kanisters erfolgen.

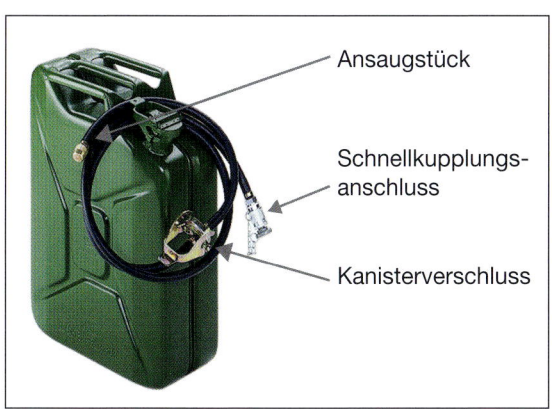

Ansaugstück

Schnellkupplungs-
anschluss

Kanisterverschluss

Abbildung 12: Kraftstoffentnahmegerät
(Quelle: Metallwarenfabrik Gemmingen GmbH)

3.2.5 Bedienungselemente und Anzeigeinstrumente

Die Tragkraftspritze muss von einer Stelle aus zu bedienen sein. Alle Bedienelemente der Tragkraftspritze müssen von dieser Stelle aus überblickt werden können. Folgende Bedienelemente müssen vorhanden sein:

- eine Starteinrichtung
- eine Kaltstartvorrichtung (sofern erforderlich)
- eine Einstellvorrichtung für die Motordrehzahl
- eine Motorstoppvorrichtung
- eine Ladesteckdose (sofern erforderlich)
- ein Betätigungsorgan für das Ansaugen (sofern erforderlich)
- eine Einstellung für die automatische Pumpendruckregelung (optional)

Es müssen die folgenden Anzeigeinstrumente eingebaut sein:

- ein Ausgangsdruckmessgerät
- ein Eingangsdruckmessgerät
- eine Anzeige des eingeschalteten Zustandes der Entlüftungseinrichtung
- eine Kraftstofffüllstandsanzeige, die ein Restvolumen von 15 % anzeigt
- Warn- und Kontrollleuchten für Öldruck und Ladekontrolle
- ein Drehzahlmesser
- ein Betriebsstundenzähler
- eine Kavitationsanzeige (optional)

Bedienelemente und Anzeigeinstrumente müssen beleuchtet werden können.

3.2.6 Beleuchtung

Für die Beleuchtung des Umfeldes um die Tragkraftspritze herum kann die Tragkraftspritze mit einem Arbeitsstellenscheinwerfer bei laufender Maschine beleuchtet werden. Der abnehmbare Arbeitsstellenscheinwerfer ist mit einer ca. 1,00 m langen Anschlussleitung im oberen Bereich der Tragkraftspritze dreh- und schwenkbar sowie höhenverstellbar angebracht.

3.2.7 Rahmenkonstruktion (Tragegestell)

Die Tragkraftspritze ist mit einer Rahmenkonstruktion (Tragegestell mit Kufen) versehen, um sie transportieren zu können. Die Tragegriffe mit gummierten Kältehandschutz sind abklappbar und seitlich schwenkbar oder fest im Rahmengestell eingearbeitet. Der untere Teil der Rahmenkonstruktion ist kufenförmig ausgeführt und mit den Befestigungsvorrichtungen zur Verlastung der Tragkraftspritze auf dem Einsatzfahrzeug versehen.

Bei Tragkraftspritzen mit einem Gewicht bis 100 kg müssen Tragepunkte für mindestens zwei Personen und bei Tragkraftspritzen mit einem Gewicht bis 200 kg für mindestens vier Personen vorgesehen sein. Das Höchstgewicht der Tragkraftspritze darf nicht mehr als 200 kg betragen.

3.2.8 Zubehör

Als Zubehör wird in der Regel ein entsprechender Werkzeugsatz, ein Satz Ersatzsicherungen, eine Fettpresse ein Abgasschlauch und eine Bedienungs- und Wartungsanleitung mitgeliefert.

3.3 Unterbringung der Tragkraftspritzen

Damit die Lagerung einer genormten Tragkraftspritze mit vorhandenen Tragkraftspritzen vereinbar ist, sind in der DIN EN 14466 bestimmte Umriss- und Gestellmaße festgelegt. Diese Maße stellen sicher, dass die Unterbringung und der Austausch von Tragkraftspritzen in Feuerwehrfahrzeugen und Feuerwehranhängern möglich sind.

Die Verriegelung der Tragkraftspritze in ihrer Lagerungsvorrichtung sollte mittels innen oder außen angeordneten Schnappstiften oder ähnlich geeigneten Elementen vorgesehen werden. Ist wegen der Entnahmehöhe eine abkippbare Lagerung erforderlich, darf auch eine Innenführung unter Einhaltung der Gestellmaße verwendet werden.

Abbildung 13: Lagerung einer Tragkraftspritze in einem Löschgruppenfahrzeug LF 16-TS

Abbildung 14: Lagerung einer Tragkraftspritze auf einer pneumatischen Lifteinrichtung in einem Löschfahrzeug mit Allradfahrgestell (Quelle: Schlingmann, Dissen)

Abbildung 15: Lagerung einer Tragkraftspritze in einem Tragkraftspritzenfahrzeug TSF-W (Quelle: Schlingmann, Dissen)

In der DIN EN 14466 ist festgelegt, dass Tragkraftspritzen nicht dafür vorgesehen sind, dauerhaft in Feuerwehrfahrzeugen eingebaut zu sein. Dies gilt auch für die Tragkraftspritze im Tragkraftspritzenfahrzeug TSF-W.

Die im Heck des Aufbaus dieser Fahrzeuge eingeschobene Tragkraftspritze ist bei derartigen Fahrzeugen über flexible Verbindungsleitungen mit dem Löschwasserbehälter und der Einrichtung zur schnellen Wasserabgabe bzw. für die Schnellangriffseinrichtung Wasser verbunden und muss auf ihrer Lagerung sofort betrieben werden können, ohne dass die Tragkraftspritze aus dem Fahrzeug entnommen wird. Der A-Sauganschluss und der B-Druckanschluss können aber leicht und schnell gelöst werden, um die Tragkraftspritze auch abgesetzt vom Fahrzeug betreiben zu können.

3.4 Einsatzhinweise

Für den wirksamen und sicheren Betrieb der Tragkraftspritze ist diese nah an der Wasserentnahmestelle möglichst waagerecht aufzustellen und gegen Verrutschen zu sichern. Es gelten die in der Bedienungsanleitung des Herstellers festgelegten Angaben, die auch als Kurzanweisungen unmittelbar an jeder Tragkraftspritze angebracht sein müssen. Grundsätzlich sind bei der Inbetriebnahme und Außerbetriebnahme einer (aktuell genormten) Tragkraftspritze folgende allgemeine Einsatzhinweise zu beachten:

Inbetriebnahme der Tragkraftspritze:

- Kraftstoffhahn öffnen
- Blindkupplungen von den Druck- und Saugabgängen abnehmen
- Niederschraubventile der Druckausgänge schließen
- Entwässerungshahn am Pumpengehäuse schließen
- Feuerlöschkreiselpumpe mittels Kupplungshebel auskuppeln
- Antriebsmotor gemäß Startanweisungen starten
  (Hersteller-Angaben zum „Kaltstart" bzw. „Warmstart" beachten)

Betriebsart Saugbetrieb:

- Saugleitung am A-Sauganschluss der Pumpe ankuppeln
- Pumpe beim Erreichen der Leerlaufdrehzahl des Motors einkuppeln
- Drehzahl für den Ansaugvorgang einstellen und ansaugen
  (Die Ansaugdrehzahl ist meist die erhöhte Leerlaufdrehzahl)
- Druckleitung(en) an B-Druckausgang anschließen
- Nach Beenden des Ansaugvorgangs Niederschraubventil am jeweiligen B-Druckausgang bis zum Anschlag langsam öffnen
- Vorgegebenen Ausgangsdruck einregeln
  (Wenn nicht anders befohlen, Ausgangsdruck von ca. 10 bar einregeln)

Betriebsart Hydrantenbetrieb:

- Vom Hydranten ankommende B-Druckleitung mittels Sammelstück am A-Sauganschluss der Pumpe ankuppeln
- Abgehende B-Druckleitung an B-Druckausgang anschließen
- Pumpe beim Erreichen der Leerlaufdrehzahl des Motors einkuppeln
- Wenn ankommendes Wasser in die Pumpe einströmt, Niederschraubventil am jeweiligen B-Druckausgang bis zum Anschlag langsam öffnen
- Vorgegebenen Ausgangsdruck einregeln
  (Wenn nicht anders befohlen, Ausgangsdruck von ca. 10 bar einregeln)

Außerbetriebnahme der Tragkraftspritze:

- Leerlaufdrehzahl einstellen
- Pumpe auskuppeln
- Motor einige Minuten mit Leerlaufdrehzahl laufen lasen
- Niederschraubventil am jeweiligen B-Druckausgang schließen
- Saug- und druckseitige Leitungen abkuppeln
- Pumpe entwässern
- Trockensaugprüfung (siehe Kap. 2.7.1) durchführen

3.5 Sicherheitshinweise

Für die Benutzung und Bedienung einer Tragkraftspritze ist es zunächst erforderlich, dass entsprechend ausgebildete Feuerwehreinsatzkräfte zur Verfügung stehen. Grundsätzlich sind bei der Benutzung einer Tragkraftspritze folgende allgemeine Sicherheitshinweise zu beachten:

Sicherheitshinweise:

- Betriebs- und Bedienungsanleitung des jeweiligen Herstellers der Tragkraftspritze beachten
- Lange Transportwege zur Wasserentnahmestelle vermeiden
- Tragkraftspritze mit vier Einsatzkräften tragen
- Tragkraftspritze möglichst waagerecht aufstellen
- Tragkraftspritze gegen Verrutschen sichern
- Vor Inbetriebnahme der Tragkraftspritze alle Blindkupplungen abnehmen
- Beim Starten des Motors mit Handstarteinrichtung die Standsicherheit der Tragkraftspritze gewährleisten
- Beim Starten des Motors mit Handkurbel die Kurbel so fassen, dass sie bei einem möglichen Rückschlag aus der Hand gleiten kann
- Beim Betätigen der Niederschraubventile nicht mit den Fingern in die Handradöffnungen greifen
- Einatmen von Kraftstoffdämpfen vermeiden
- Kraftstoffdämpfe mit Abgasschlauch vom Maschinisten wegleiten (Windrichtung beachten)
- Beim Aufenthalt im Lärmbereich des Motors geeigneten Gehörschutz (Kapselgehörschützer oder Gehörschutzstöpsel) tragen
- Erst nach dem Kommando „Wasser marsch" Wasser geben
- Kraftstoffbehälter möglichst nur bei abgestelltem Motor betanken

3.6 Selbstkontrolle und Testfragen

(Lösungen siehe Seite 80)

1. Wozu werden Tragkraftspritzen verwendet?

a) Zur Löschwasserentnahme aus offenen Gewässern
b) Zum Fördern von Löschwasser
c) Zur Druckverstärkung bei einer Löschwasserförderung über lange Wege
d) Zum Abpumpen von Wasser bei Unwetter- oder Hochwassereinsätzen
e) Zur Verwendung bei Feuerwehrwettbewerben

2. Welche Tragkraftspritzen gemäß DIN EN 14466 werden von den Feuerwehren verwendet?

a) PFPN 10-1000
b) PFPN 16-800
c) PFPH 10-1000
d) TS 16/8

3. Welche Bauteile gehören zu einer Tragkraftspritze?

a) Eine Feuerlöschkreiselpumpe ohne Entlüftungseinrichtung
b) Eine Feuerlöschkreiselpumpe mit Entlüftungseinrichtung
c) Eine Antriebsmaschine (Elektromotor)
d) Eine Antriebsmaschine (Verbrennungsmotor)
e) Eine von Hand ein- und ausrückbare Kupplung
f) Rahmenkonstruktion (Tragegestell)

4. Mit welchen Einrichtungen kann der Antriebsmotor der Tragkraftspritze gestartet werden?

a) Nur mit einer Handstarteinrichtung (Handkurbel oder Seilzug)
b) Mit einer Handstarteinrichtung (Handkurbel oder Seilzug)
c) Mit einer Elektrostartvorrichtung
d) Mit einer Gasstrahlervorrichtung

5. **Welche Einsatzhinweise sind beim Saugbetrieb zu beachten?**

a) Saugleitung am A-Sauganschluss der Pumpe ankuppeln
b) Saugleitung am B-Druckanschluss der Pumpe ankuppeln
c) Drehzahl für den Ansaugvorgang einstellen und ansaugen
d) Vor Beenden des Ansaugvorgangs Niederschraubventil am jeweiligen B-Druckausgang langsam öffnen
e) Nach Beenden des Ansaugvorgangs Niederschraubventil am jeweiligen B-Druckausgang langsam öffnen

6. **Welche Einsatzhinweise sind beim Hydrantenbetrieb zu beachten?**

a) Ankommende B-Druckleitung mittels Übergangsstück A-B am A-Sauganschluss der Pumpe ankuppeln
b) Ankommende B-Druckleitung mittels Sammelstück am A-Sauganschluss der Pumpe ankuppeln
c) Selbstgewählten Ausgangsdruck einregeln
d) Vorgegebenen Ausgangsdruck einregeln

7. **Welche Sicherheitshinweise sind bei der Benutzung einer Tragkraftspritze zu beachten?**

a) Tragkraftspritze mit einer Einsatzkraft tragen
b) Tragkraftspritze mit vier Einsatzkräften tragen
c) Tragkraftspritze möglichst waagerecht aufstellen
d) Vor Inbetriebnahme alle Blindkupplungen abnehmen
e) Beim Aufenthalt im Förderbereich geeigneten Gesichtsschutz tragen
f) Beim Aufenthalt im Lärmbereich geeigneten Gehörschutz tragen
g) Erst nach dem Kommando „Wasser marsch" Wasser geben

4   Tauchpumpen

Eine Tauchpumpe ist eine tragbare Kreiselpumpe, die in die zu fördernden Flüssigkeiten eingetaucht wird. Tauchpumpen (der Feuerwehren) werden mit Elektromotoren angetrieben. Alle spannungsführenden Teile sind entsprechend isoliert. Von den Feuerwehren werden sie meist im Rahmen von Hilfeleistungen, wie z.B. bei Hochwassereinsätzen, verwendet.

4.1   Tragbare Tauchmotorpumpen mit Elektroantrieb

Die tragbaren Tauchmotorpumpen mit Elektroantrieb gemäß DIN 14425, im Bereich der Feuerwehr meist Tauchpumpen genannt, werden vorwiegend zur Förderung von Wasser im Lenzeinsatz, als Zubringerpumpen für Feuerlöschkreiselpumpen oder zum Auspumpen von Wasser oder Schmutzwasser (d.h. mit Verunreinigungen durch feste Stoffe oder auch Öl) aus gefluteten Räumen, z.B. aus Kellern oder Baugruben, eingesetzt.

Abbildung 16: Tragbare Tauchmotorpumpe mit Elektroantrieb (Quelle: Mast Pumpen GmbH)

Hinweis: Mit Tauchmotorpumpen dürfen keine brennbaren Flüssigkeiten, Säuren, Laugen, gefährliche Stoffe oder Lösemittel gefördert werden. Sie dürfen nicht in explosionsgefährdeten Bereichen betrieben werden.

4.1.1 Anforderungen an Tauchmotorpumpen

Die Tauchmotorpumpe ist als einstufige Kreiselpumpe ohne Rückschlagorgan ausgeführt und kann sowohl im eingetauchten als auch im untergetauchten Zustand stehend oder liegend betrieben werden.

Sie besteht aus einem Gehäuse mit Tragegriff, an dem eine Mehrzweckleine angeschlagen werden kann, einer nach oben geführten Festkupplung an der Pumpenausgangsseite und einem auswechselbaren Schutzkorb (Korndurchlass 8 mm bis 15 mm) an der Pumpeneingangsseite. Im inneren Aufbau der Tauchpumpe befindet sich der Elektromotor mit dem Pumpenlaufrad. Auf dem Gehäuse ist ein Pfeil zur Kennzeichnung der Anrückrichtung dauerhaft angebracht (Schild aus Metall oder direkt auf der Gehäuseoberfläche).

Von oben führt eine ca. 20 m lange Anschlussleitung mit Zugentlastung in das druckwasserdichte Gehäuse. Am Ende dieser Leitung ist ein druckwasserdichter Schutzkontaktstecker angebracht.

Tabelle 7:   Leistungswerte und Ausstattung der Tauchmotorpumpen

	Typ		
	TP 4/1	**TP 8/1**	**TP 15/1**
Nennförderstrom Q_N	400 L/min	800 L/min	1.500 L/min
Nennförderdruck p_N	1 bar	1 bar	1 bar
Anschlussspannung	230 V~ Wechselstrom	400 V 3~ Drehstrom	400 V 3~ Drehstrom
Pumpenausgang	Festkupplung B	Festkupplung B	Festkupplung A
maximale Masse	25 kg	40 kg	50 kg

4.1.2 Betrieb von Tauchmotorpumpen

Tauchpumpen sind über festeingebaute oder tragbare Stromerzeuger zu betreiben. Wird der Strom zur Versorgung der Tauchpumpe in Ausnahmefällen aus einem ortsfesten Netz hergestellt, ist ein geeigneter Personenschutzschalter (gemäß DIN VDE 0661) zwischen der ortsfesten Steckdose und dem Anschlussstecker der Tauchmotorpumpe zu verwenden.

4.2 Kellerentwässerungspumpen

Neben den genormten Tauchmotorpumpen werden von den Feuerwehren auch einfache selbstansaugende Kellerentwässerungspumpen ohne Schwimmerschalter zum Abpumpen von Wasser oder Schmutzwasser verwendet.

Kellerentwässerungspumpen haben grundsätzlich den gleichen Aufbau wie die genormten Tauchmotorpumpen. Sie können zum Flachabsaugen ebener Oberflächen eingesetzt werden, wobei bereits geringste Flüssigkeitsmengen (Flachabsaugung bis 3 mm) aufgenommen werden können, da die Flüssigkeiten nur seitlich angesaugt werden.

Abbildung 17: Keller-entwässerungspumpe ohne Schwimmerschalter (Quelle: Mast Pumpen GmbH)

Kellerentwässerungspumpen haben eine Anschlussspannung von 230 V~, eine ca. 10 m lange Anschlussleitung, einen Förderstrom von ca. 200 L/min bis 330 L/min bei einem Förderdruck von ca. 0,7 bar bis 1,1 bar. Als Schlauchanschluss dient eine Festkupplung D (oder auch C).

4.3 Einsatzhinweise

Für den wirksamen und sicheren Betrieb von Tauchpumpen sind folgende Einsatzhinweise zu beachten:

- Tauchpumpe nur bei Flüssigkeitstemperaturen < 60 °C einsetzen
- Tauchpumpe erst einschalten und dann eintauchen
  (Aus dem Anrücken beim Einschalten ist die richtige Drehrichtung erkennbar)
- Tauchpumpe nur an einer Mehrzweckleine herablassen
  (Nicht an der elektrischen Anschlussleitung herablassen!)
- Abgehenden Druckschlauch möglichst kurz halten, nicht knicken
  (Lange Leitungen und Knicke mindern die Förderleistung erheblich)
- Nur Druckschläuche mit vorgesehenem Querschnitt verwenden
- Bei schlammigen, lehmigen oder mit Pflanzen bewachsenen Untergrund Tauchpumpe auf eine geeignete Unterlage stellen oder an der Mehrzweckleine im Abstand zum Untergrund aufhängen
- Beim Betrieb regelmäßig kontrollieren, ob der Schutzkorb auf der Pumpeneingangsseite verstopft ist
- Tauchpumpe nach dem Einsatz mit klarem Wasser spülen
- Tauchpumpe nach dem Einsatz einer Sicht- und Schutzleiterprüfung durch den Benutzer unterziehen

4.4 Selbstkontrolle und Testfragen

(Lösungen siehe Seite 80)

1. Welche Aussagen über Tauchpumpen sind richtig?

a) Tauchpumpen werden in die zu fördernden Flüssigkeiten eingetaucht.
b) Tauchpumpen werden nur von Feuerwehrtauchern eingesetzt.
c) Tauchpumpen werden mit Elektromotoren angetrieben.
d) Tauchpumpen werden mit Wassermotoren angetrieben.

2. Welche Tauchpumpen werden von den Feuerwehren verwendet?

a) Tragbare Tauchmotorpumpen mit Elektroantrieb
b) Fahrbare Tauchmotorpumpen mit Elektroantrieb
c) Festeingebaute Tauchmotorpumpen mit Elektroantrieb
d) Kellerentwässerungspumpen mit Schwimmerschalter
e) Kellerentwässerungspumpen ohne Schwimmerschalter

3. Welche Flüssigkeiten dürfen mit Tauchpumpen gefördert werden?

a) Alle denkbaren Flüssigkeiten
b) Brennbare Flüssigkeiten, Säuren, Laugen oder Lösemittel
c) Zähflüssige Fäkalien
d) Wasser
e) Schmutzwasser (mit Verunreinigungen durch feste Stoffe oder Öl)

4. Was ist beim Betrieb von Tauchpumpen zu beachten?

a) Tauchpumpen über festeingebaute Stromerzeuger betreiben
b) Tauchpumpen über tragbare Stromerzeuger betreiben
c) Tauchpumpen über ortsfeste Netze betreiben
d) Tauchpumpen nur in Ausnahmefällen über ortsfeste Netze betreiben
e) Tauchpumpe nach dem Einsatz mit klarem Wasser spülen
f) Tauchpumpe nach dem Einsatz einer Sichtprüfung unterziehen

5   Gefahrgutpumpen

Für das Umpumpen bzw. Fördern von brennbaren Flüssigkeiten, Säuren, Laugen oder Lösemitteln werden von den Feuerwehren speziell für diesen Einsatzzweck vorgesehene Pumpen, wie z.B. Umfüllpumpen, Fasspumpen und auch Handmembranpumpen verwendet.

Abbildung 18:   Abpumpen von Dieselkraftstoff (Quelle: Marc Köppelmann, Paderborn)

Die Anwendung dieser Pumpen richtet sich nach den spezifischen Eigenschaften der zu fördernden Stoffe. Dabei ist die Bedienungsanleitung der jeweiligen Pumpe genau zu beachten, in der u.a. die bestimmungsgemäße Verwendung hinsichtlich der zu fördernden Stoffe beschrieben und eine Beständigkeitsliste für die Bauteile der Pumpe vorhanden ist, die mit dem zu fördernden Stoff in Berührung kommen können.

5.1 Tragbare Umfüllpumpe

Die explosionsgeschützte tragbare Umfüllpumpe gemäß DIN 14424 wird in explosionsgefährdeten Bereichen der Zone 1 zum Umpumpen von Mineral-ölprodukten und von nicht aggressiven brennbaren Flüssigkeiten der Explosionsgruppen II A und II B und der Temperaturklassen T1 bis T3 verwendet. Das Fördern von Schmutzwasser ist ebenfalls möglich. Der Nennförderstrom dieser Pumpe beträgt 300 L/min, bei einem Nennförderdruck von 1,5 bar und einer geodätischen Saughöhe von 1,50 m. Das Kurzzeichen dieser Pumpe lautet **TUP 3 - 1,5**.

Abbildung 19: Tragbare Umfüllpumpe TUP (Quelle: Mast Pumpen GmbH)

Die Bauteile der Pumpe sind in einem Traggestell mit einem Rohrrahmen aus nicht funkenreißendem Werkstoff untergebracht. Am Rohrrahmen sind vier Traggriffe mit einem mineralölbeständigen Kälteschutz klappbar befestigt. Für den Antrieb der Pumpe wird ein explosionsgeschützter Elektromotor (400 V 3~, 2,5 kW) verwendet, mit einer 1,50 m langen Anschlussleitung mit explosionsgeschütztem Stecker und einem explosionsgeschützten Motorschutzschalter. Auf Wunsch des Bestellers darf an der Pumpe eine explosionsgeschützte Steckdose zum Anschluss einer explosionsgeschützten Kabellampe angebracht werden.

Der Saug- bzw. Druckabgang der Pumpe ist jeweils mit einer Festkupplung C ausgerüstet, die mit mineralöl- und benzolbeständigen Dichtringen ausgestattet ist. Saugseitig ist ein Druckmessgerät angeschlossen.

Hinweis: Bei normalem Betrieb und betriebsüblichen Störungen dürfen die Bauteile der Pumpe nicht zu Zündgefahren führen. Umlaufende und daran angrenzende Bauteile dürfen nicht aus Leichtmetall sein.

Die tragbare Umfüllpumpe ist eine selbstansaugende Kreiselpumpe. Da sie keine Entlüftungseinrichtung hat, muss sie zum Ansaugen der Flüssigkeit und zum Entlüften der Saugleitung aber zunächst von Hand mit ca. 10 L der zu fördernden Flüssigkeit aufgefüllt werden. Für den sicheren Betrieb von tragbaren Umfüllpumpen sind folgende Einsatzhinweise zu beachten:

- Pumpe möglichst nah an der Saugstelle aufstellen
- Pumpe nicht ohne Saugkorb oder Schutzsieb betreiben
- Vor dem Fördern brennbarer Flüssigkeiten oder dem Umpumpen in explosionsgefährdeten Bereichen Potentialausgleich herstellen
- Nur geeignetes leitfähiges Schlauchmaterial verwenden
- Bedienungsanleitung und ggf. Beständigkeitslisten beachten

5.2 Tragbare Gefahrgut-Umfüllpumpe

Die explosionsgeschützte tragbare Gefahrgut-Umfüllpumpe (als Kreisel- oder Verdrängerpumpe) gemäß DIN 14427 wird in explosionsgefährdeten Bereichen der Zone 1 zum Umpumpen von aggressiven Flüssigkeiten (Säuren oder Laugen), Mineralölprodukten und brennbaren Flüssigkeiten der Explosionsgruppen II A und II B und der Temperaturklassen T1 bis T3 verwendet.

Der Nennförderstrom der Gefahrgut-Umfüllpumpe beträgt 300 L/min, bei einem Nennförderdruck von 1,5 bar und einer geodätischen Saughöhe von 1,50 m. Das Kurzzeichen dieser Pumpe lautet **GUP 3 - 1,5**.

5.2.1 Tragbare Gefahrgut-Umfüllpumpe (Kreiselpumpe)

Die tragbare Gefahrgut-Umfüllpumpe in der Ausführung als Kreiselpumpe entspricht in ihrem Aufbau grundsätzlich einer tragbaren Umfüllpumpe TUP. Die wesentlichen Bauteile der Gefahrgut-Umfüllpumpe bestehen im Gegensatz zur TUP aber aus chemisch beständigem Edelstahl.

Abbildung 20: Tragbare Gefahrgut-Umfüllpumpe GUP, in der Ausführung als Kreiselpumpe (Quelle: Mast Pumpen GmbH)

Der Saug- bzw. Druckabgang der Gefahrgut-Umfüllpumpe ist mit einem Kegelstutzen mit beweglicher Nutüberwurfmutter bzw. einem Gewindestutzen, jeweils in der Nennweite DN 50, ausgerüstet, die mit Dichtringen aus chemisch beständigen Fluorkautschuk (VITON®) ausgestattet sind. Saugseitig ist ein Druckmessgerät aus Edelstahl angeschlossen.

Damit die Gefahrgut-Umfüllpumpe in der Ausführung als Kreiselpumpe zum selbsttätigen Ansaugen der Flüssigkeit und zum Entlüften der Saugleitung nicht von Hand, z.B. mittels eines Eimers, mit aggressiven Flüssigkeiten befüllt werden muss, ist diese Ausführung der Pumpe mit einer angebauten Handkolbenpumpe als Entlüftungseinrichtung ausgestattet.

Die Gefahrgut-Umfüllpumpe ist trockenlaufsicher und in der Lage auch stark verschmutzte Flüssigkeiten (Korndurchlass 10 mm) zu fördern.

5.2.2 Tragbare Gefahrgut-Umfüllpumpe (Verdrängerpumpe)

Die tragbare Gefahrgut-Umfüllpumpe in der Ausführung als Verdränger-pumpe (Schlauchpumpe) kann zum Umpumpen von zähfließenden, breiigen oder mit Feststoffen bis zu einer gewissen Größe durchsetzten aggressiven Flüssigkeiten (Säuren oder Laugen) verwendet werden. Dabei kommt das Gefahrgut nicht mit dem eigentlichen Pumpengehäuse in Berührung.

Durch die hohe Saugleistung dieser Pumpenausführung werden auch Rest-mengen von Flüssigkeiten aufgenommen, selbst wenn die Förderung der Pumpe häufig durch das Ansaugen von Luft unterbrochen wird.

Abbildung 21: Trag-bare Gefahrgut-Umfüll-pumpe GUP, in der Aus-führung als Verdränger-pumpe (Quelle: CRANE Process Flow Technologies)

Der Pumpenteil der Gefahrgut-Umfüllpumpe in der Ausführung als Verdrän-gerpumpe besteht aus einem Pumpengehäuse, in welchem ein elastischer Förderschlauch aus besonders chemikalienbeständigem Kunststoff befestigt ist. Die Enden dieses Schlauches sind mit dem Saugeingang und dem Druckausgang der Pumpe verbunden. Somit kommt die zu fördernde Flüssigkeit nicht mit dem eigentlichen Pumpengehäuse in Verbindung. Die Flüssigkeit wird nur durch den Förderschlauch hindurch bewegt.

Ein schnell umlaufender Rotor im Pumpengehäuse verdrängt zunächst die Luft im Förderschlauch und erzeugt einen ständigen Unterdruck, der die zu fördernde Flüssigkeit ansaugt. Durch die Drehung des Rotors wird der Förderschlauch fortlaufend an der Gehäusewand zusammengedrückt und entlang gepresst und die zu fördernde Flüssigkeit so von der Saugseite zur Druckseite durch den Schlauch gefördert.

Die tragbare Gefahrgut-Umfüllpumpe in der Ausführung als Verdränger-pumpe (Schlauchpumpe) ist auch in der Lage Luft zu fördern. Deshalb ist es mit dieser Pumpe möglich, Luft aus einem geschlossenen Aufnahmebehälter abzupumpen und so einen Unterdruck im Behälter zu erzeugen. Mit diesem Unterdruck kann über entsprechende Saugeinrichtungen der Behälter mit der zu fördernden Flüssigkeit gefüllt werden, ohne dass diese mit der Gefahrgut-Umfüllpumpe in Berührung kommt

Für den sicheren Betrieb von tragbaren Gefahrgut-Umfüllpumpen (Kreisel-oder Verdrängerpumpen) sind folgende Einsatzhinweise zu beachten:

- Pumpen möglichst nah an der Saugstelle aufstellen
- Pumpen im Gefahrgut-Einsatz nur mit angelegter Chemikalien-Schutzkleidung in Betrieb nehmen
- Vor dem Fördern brennbarer Flüssigkeiten oder dem Umpumpen in explosi-onsgefährdeten Bereichen Potentialausgleich herstellen
- Für das Gefahrgut geeignete Armaturen und geeignetes leitfähiges Schlauch-material verwenden
- Verdrängerpumpen nicht gegen geschlossene Ventile oder Schieber fördern lassen und Schläuche ohne Knicke verlegen
- In der Bedienungsanleitung angegebene Verwendungsbeschränkungen hinsichtlich der zu fördernden Flüssigkeiten beachten
- Beständigkeitsliste für die Bauteile, die mit der geförderten Flüssigkeit in Verbindung kommen können, beachten.

5.3 Fasspumpe

Die (nicht genormte) tragbare Fasspumpe mit Elektromotor wird zum Umpumpen kleinerer bis mittlerer Mengen von aggressiven Flüssigkeiten (Säuren oder Laugen), Mineralölprodukten oder brennbaren Flüssigkeiten aus Behältern, Fässern oder Tanks verwendet.

Abbildung 22: Motorkopf und Pumpwerke aus Edelstahl und Kunststoff
(Quelle: Flux-Geräte GmbH)

Eine Fasspumpe besteht aus dem Motorkopf mit explosionsgeschütztem Elektromotor (230 V~) und 10 m Anschlussleitung mit explosionsgeschütztem Stecker. Die Drehbewegung des Motors wird über eine elastische Kupplung auf eine Antriebswelle übertragen. An den Motorkopf wird ein rohrförmiges Pumpwerk mit innenliegendem Laufrad angeschlossen. Der Motorkopf und das Pumpwerk werden zum Betrieb an den Kupplungsteilen zusammen gesteckt und durch ein Handrad fest miteinander verbunden.

Für den Einsatz der Feuerwehr werden 1,20 m lange Pumpwerke aus Edelstahl zum Fördern brennbarer Flüssigkeiten oder aus Kunststoff zum Fördern von Säuren und Laugen verwendet (Fördermenge ca. 200 L/min). Das Pumpwerk kann durch die Öffnung (Spundloch) eines handelsüblichen Fasses gesteckt werden. Am oberen Ende der Pumpwerke befinden sich die Auslaufstutzen mit Gewinde, an denen, entsprechend der Förderflüssigkeit, geeignete formbeständige Schläuche angeschlossen werden.

Fasspumpen sind selbstansaugend, fördern aber nur mit einem geringen Ausgangsdruck. Höhenunterschiede und lange Förderstrecken sind zu vermeiden und es sollen grundsätzlich nur dünnflüssige Flüssigkeiten gefördert werden. Zum Fördern verschmutzter Flüssigkeiten können an der Eingangsseite der Pumpwerke geeignete Siebe angebracht werden. Für den sicheren Betrieb von Fasspumpen sind folgende Einsatzhinweise zu beachten:

- Pumpe im Gefahrgut-Einsatz nur mit angelegter Chemikalien-Schutzkleidung in Betrieb nehmen
- Vor dem Fördern brennbarer Flüssigkeiten oder dem Umpumpen in explosionsgefährdeten Bereichen Potentialausgleich herstellen
- Pumpwerke aus Kunstsoff nicht zum Fördern von brennbaren Flüssigkeiten verwenden
- Pumpwerk nicht tiefer als bis zum Auslaufstutzen in die zu fördernde Flüssigkeit eintauchen
- Bedienungsanleitung und Beständigkeitslisten beachten

5.4 Handmembranpumpe

Die (nicht genormte) Handmembranpumpe arbeitet nach dem Prinzip einer Kolbenpumpe, die durch das Hin- und Herschwenken des Pumpenhebels durch eine Einsatzkraft „von Hand" betrieben wird. Die Förderleistung beträgt dabei ca. 150 L/min (ca. 3,5 L/Hub), bei einer Förderhöhe von ca. 6,00 m und einer Saughöhe von ca. 5,00 m.

Sie eignet sich nur zum Umfüllen kleinerer Mengen von aggressiven Flüssigkeiten, Mineralölprodukten oder brennbaren Flüssigkeiten. Aber auch zähfließende oder stark verunreinigte Flüssigkeiten lassen sich mit einer Handmembranpumpe fördern (Korndurchlass 10 mm).

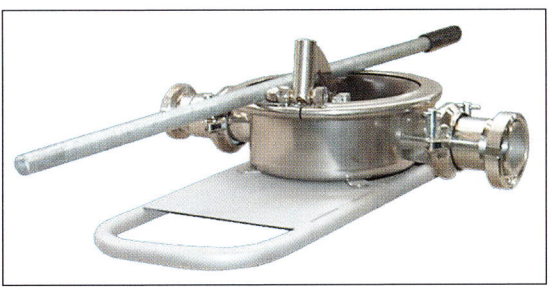

Abbildung 23: Hand-membranpumpe, mit Tragegestell und abge-legtem Pumpenhebel (Quelle: Gemeinschaft Feuerwehrfachhandel Deutschland – gfd –)

Die wesentlichen Teile der Handmembranpumpe bestehen aus chemisch beständigem Edelstahl. Der Pumpenhebel, ebenfalls aus Edelstahl, hat eine Länge von 1,20 m. Der Saug- bzw. Druckabgang der Handmembranpumpe ist mit einem Kegelstutzen mit beweglicher Nutüberwurfmutter bzw. einem Gewindestutzen, ausgerüstet.

5.5 Potentialausgleich

Vor dem Fördern brennbarer Flüssigkeiten oder dem Umpumpen in explosi-onsgefährdeten Bereichen ist ein Potentialausgleich zur Ableitung ggf. auftretender elektrostatischer Aufladungen, die durch das Fördern der brennbaren Flüssigkeit entstehen können, herzustellen.

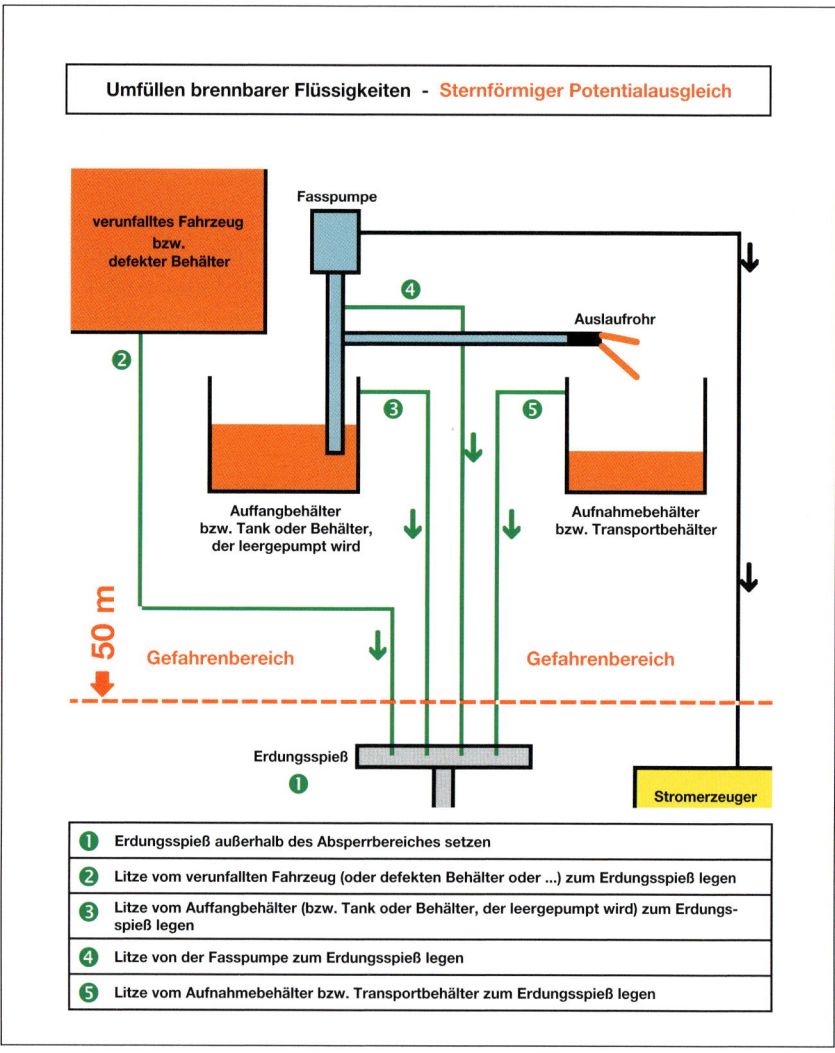

Abbildung 24: Sternförmiger Potentialausgleich beim Umpumpen brennbarer Flüssigkeiten

5.6 Selbstkontrolle und Testfragen

(Lösungen siehe Seite 80)

1. Welche Flüssigkeiten dürfen mit einer tragbaren Umfüllpumpe gefördert werden?

a) Trinkwasser
b) Schmutzwasser
c) Mineralölprodukte
d) nicht aggressive brennbare Flüssigkeiten

2. Welche Ausführungen von tragbaren Gefahrgut-Umfüllpumpen werden unterschieden?

a) Kreiselpumpen
b) Kolbenpumpen
c) Handpumpen
d) Verdrängerpumpen

3. Wozu dient ein Potentialausgleich?

a) Zur Ableitung der zu fördernden Flüssigkeit
b) Zur Ableitung ggf. auftretender elektrostatischer Aufladungen
c) Zum Ausgleich von Höhenunterschieden
d) Zum Ausgleich von Spannungsschwankungen im Stromnetz

4. Welche Einsatzhinweise sind bei der Inbetriebnahme von Gefahrgut-pumpen zu beachten?

a) Pumpen mit angelegter Chemikalien-Schutzkleidung in Betrieb nehmen
b) Pumpen mit angelegter Atemschutzausrüstung in Betrieb nehmen
c) Pumpen möglichst nah an der Saugstelle/Entnahmestelle aufstellen
d) Geeignetes leitfähiges Schlauchmaterial verwenden
e) Nur die Feuerwehr-Dienstvorschriften beachten
f) Bedienungsanleitung und Beständigkeitslisten beachten

6 Sonstige Pumpen

Von den Feuerwehren wird zusätzlich zu den bereits beschriebenen Pumpen eine Vielzahl weiterer genormter und nicht genormter Pumpen verwendet, um Wasser, Schmutzwasser und sonstige Flüssigkeiten zu fördern.

6.1 Wasserstrahlpumpe

Die (nicht mehr genormte) Wasserstrahlpumpe wird zum Fördern von Wasser oder Schmutzwasser, zum Entwässern von Kellern, Schächten und Baugruben eingesetzt und als Wasserzubringer, wenn die Wasserentnahmestelle ungünstig liegt. Dabei kann mit der Wasserstrahlpumpe bis zu einer Tiefe von ca. 20 mm abgesaugt werden.

Abbildung 25: Wasserstrahlpumpe (Quelle: AWG Fittings GmbH)

Die Wasserstrahlpumpe besteht aus einem Gehäuse mit einer Festkupplung C für den Eingang des Treibwassers, einer Festkupplung B für den Ausgang des Gesamtwassers und Öffnungen zum Ansaugen des Förderwassers. Beide Anschlüsse sind drehbar mit dem beidseitigen Saugraum verbunden. Die Ansaugöffnung ist mit einem Sieb versehen, um grobe Verunreinigungen zurückzuhalten und das Verstopfen der Treibdüse zu verhindern.

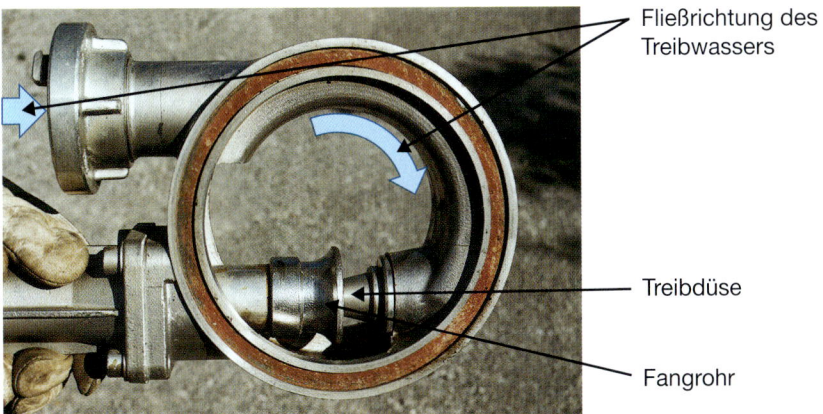

Fließrichtung des
Treibwassers

Treibdüse

Fangrohr

Abbildung 26: Treibdüse und Fangrohr im Innern einer Wasserstrahlpumpe
(die beidseitigen Gehäuseteile wurden abgenommen)

Im Gehäuseinneren sind eine Treibdüse und ein Fangrohr angeordnet. Beim Austritt aus der Treibdüse wird der Treibwasserstrom beschleunigt, so dass der mit hoher Geschwindigkeit austretende Wasserstrahl einen Unterdruck um die Düsenöffnung herum erzeugt und das umliegende Förderwasser „mitgerissen" und zusammen mit dem Treibwasser durch eine B-Schlauchleitung in Freie gefördert wird.

Merke: Wasserstrahlpumpen dürfen aus hygienischen Gründen nicht an Hydranten (= Trinkwasserleitung) angeschlossen werden, da sie dann in offener Verbindung mit dem u. U. verschmutzten Förderwasser stehen.

Bei Einsatz einer Wasserstrahlpumpe kann auch ein Rückflussverhinderer zwischen Hydrant oder Standrohr und Treibwasserleitung eingekuppelt werden. Durch dessen Rückschlagventil wird bei Druckausfall die Treibwasserleitung abgesperrt, das Belüftungsventil belüftet und entleert, so dass kein Rücksaugen von Schmutzwasser in das Wassernetz erfolgen kann.

6.2 Tragbare Turbotauchpumpe

Die (nicht mehr genormte) tragbare Turbotauchpumpe ist eine Kreiselpumpe, bestehend aus einem Turbinen- und Pumpenteil. Sie wird im eingetauchten Zustand zur Förderung von Wasser, zum Auspumpen von Kellern, Schächten oder Baugruben und auch zur Förderung von Löschwasser aus unzulänglichen Löschwasserentnahmestellen eingesetzt.

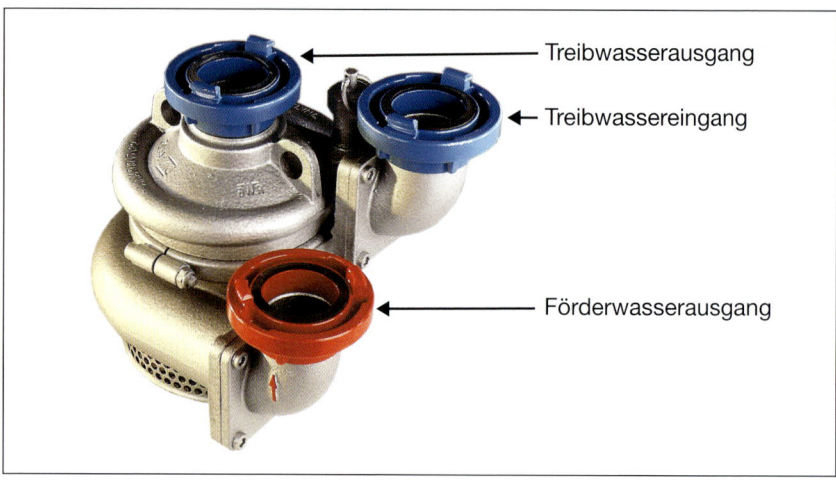

Abbildung 27:   Tragbare Turbotauchpumpe (Quelle: AWG Fittings GmbH)

Turbotauchpumpen werden über eine Feuerlöschkreiselpumpe in einem geschlossenen Kreislauf angetrieben. Das von einem Löschfahrzeug abgegebene Wasser treibt über den Treibwassereingang den Turbinenteil an, welcher über eine gemeinsame Welle die eigentliche Kreiselpumpe zur Wasserförderung antreibt. Danach fließt das Treibwasser über den Treibwasserausgang wieder in den Löschwasserbehälter des Löschfahrzeuges zurück.

Hierbei sind der Förderwasserstrom und der Treibwasserstrom voneinander getrennt, ein Vermischen des sauberen Treibwassers mit dem gegebenenfalls verschmutzten Förderwasser findet deshalb nicht statt.

Tabelle 8: Leistungswerte einer tragbaren Turbotauchpumpe

Treibwasser-druck p_e [bar]	Treibwasser-strom Q_T [L/min]	Förderwasserstrom Q [L/min] bei einem Förderdruck von				
		0,6 bar	0,8 bar	1,0 bar	1,2 bar	1,5 bar
6	850	1.300	1.170	1.020	850	560
8	950	1.530	1.430	1.300	1.200	980
10	1.100	1.850	1.750	1.700	1.600	1.450

6.3 Hochwasserpumpen

Hochwasserpumpen (System: Spechtenhauser) werden bei Hochwasser und Überschwemmungen zur Förderung von ungesiebtem Schmutz- und Abwasser mit Feststoffen bis zu Ø 80 mm sowie langgestreckten faser- oder folienartigen, schwebenden Gegenständen eingesetzt. Die Förderleistung beträgt, je nach Ausführung, bis zu 2.200 L/min. Mit den zugehörigen Saugkrümmern sind ein uneingeschränkter Schlürfbetrieb sowie ein Abpumpen bis zu einem Restwasserstand von wenigen Millimetern möglich.

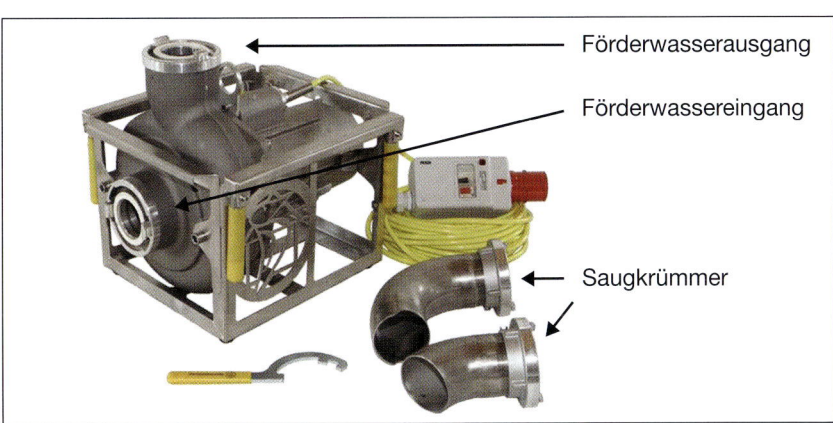

Abbildung 28: Hochwasserpumpe (System: Spechtenhauser)
(Quelle: Spechtenhauser Pumpen GmbH)

Diese Hochwasserpumpen bestehen aus einer Kreiselpumpe aus korrosions- und seewasserbeständiger Aluminiumlegierung, ohne Entlüftungseinrichtung, die von einem angeflanschten Elektromotor angetrieben wird. Die Anschlüsse bestehen aus Storzkupplungen in den Größe A, B oder C. Die Pumpen-/Motoreinheit ist in einem Tragekorb aus Edelstahl mit Klapp- oder Bügelgriffen und Abseilöse befestigt.

Tabelle 9: Technische Daten der Hochwasserpumpen

Typ	Anschluss-spannung	Leistung	Kupp-lungen	Korndurch-lass
Chiemsee A	400 V 3~ Drehstrom	3,2 kW	A	80 mm
Chiemsee B	400 V 3~ Drehstrom	3,2 kW	B	70 mm
Mini Chiemsee C	230 V~ Wechselstrom	2,2 kW	C	45 mm
Mini-Chiemsee B 1000	230 V~ Wechselstrom	2,2 kW	B	55 mm
Mini-Chiemsee B 1200	230 V~ Wechselstrom	2,5 kW	B	55 mm
Mini-Chiemsee B 1400	400 V 3~ Drehstrom	2,7 kW	B	55 mm

Die Hochwasserpumpen können von zwei Einsatzkräften getragen werden. Die zum Lieferumfang gehörenden Teile und das Netzkabel sind dabei innerhalb des Tragekorbes verstaut.

Zum Ein- bzw. Untertauchen der Hochwasserpumpe in das zu fördernde Schmutzwasser wird zunächst der 45°-Saugkrümmer mit der Öffnung nach oben vor den Förderwassereingang gekuppelt. Dadurch wird das Ansaugen von Folien oder von zu großen Gegenständen vom Untergrund verhindert. Gleichzeitig kann sich die Hochwasserpumpe so auf dem Untergrund nicht „festsaugen". Mit dem angekuppelten 45°-Saugkrümmer kann bis zu einem Wasserstand von ca. 20 cm abgepumpt werden.

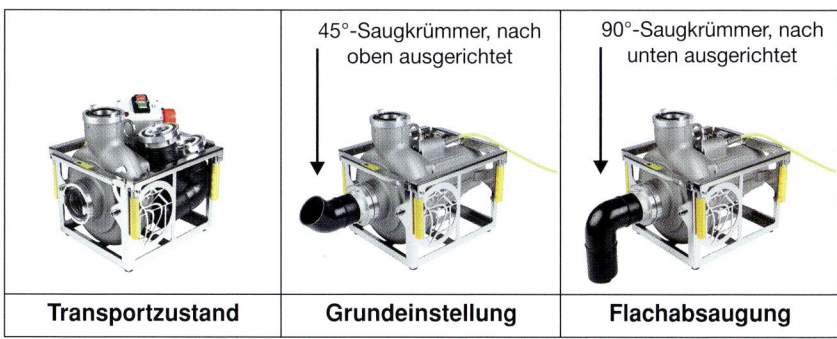

| Transportzustand | Grundeinstellung | Flachabsaugung |

Abbildung 29: Einsatz der Hochwasserpumpe (Quelle: Spechtenhauser Pumpen GmbH)

Zum weiteren Absaugen von Schmutzwasser wird dann der 90°-Saugkrümmer mit der Öffnung nach unten vor den Förderwassereingang gekuppelt. So kann der Wasserstand bis auf wenige Millimeter abgesenkt werden. Hierzu wird die Hochwasserpumpe am tiefsten Punkt des Objektes aufgestellt, damit möglichst viel Schmutzwasser zufließt oder mit Wasserschiebern „zugeschoben" werden kann.

Tabelle 10: Leistungswerte der Hochwasserpumpen

Typ	Förderwasserstrom Q [L/min] bei einem Förderdruck von				
	0 bar	0,6 bar	1,0 bar	1,2 bar	1,5 bar
Chiemsee A	2.200	1.480	765	390	–
Chiemsee B	1.640	1.040	680	365	–
Mini Chiemsee C	700	637	490	452	332
Mini-Chiemsee B 1000	1.000	510	180	–	–
Mini-Chiemsee B 1200	1.200	820	500	330	60
Mini-Chiemsee B 1400	1.400	1.000	650	560	305

6.4 Allzweckpumpen

Die Allzweckpumpen werden zur Förderung von Schmutzwasser (und auch Heizöl oder Dieselkraftstoff mit einem Flammpunkt > 55 °C) verwendet. Sie bestehen aus einer selbstansaugenden Kreiselpumpe, die von einem angeflanschten Elektro- oder Verbrennungsmotor angetrieben wird. Die Anschlüsse bestehen aus Storzkupplungen in den Größen B oder C. Die Pumpen-/Motoreinheit ist in einem Tragegestell befestigt.

Allzweckpumpen werden wie Feuerlöschkreiselpumpen zusammen mit formstabilen Saugschläuchen, Saugkörben mit Schutzsieb und Druckschläuchen betrieben. Zur Inbetriebnahme der Allzweckpumpe muss das Pumpengehäuse zunächst mit dem Fördermedium befüllt werden, da sie über keine Entlüftungseinrichtungen verfügen.

Der Förderstrom beträgt je nach Ausführung der Pumpe zwischen 320 L/min bis 1.200 L/min bei einem Förderdruck von 0 bar oder zwischen 190 L/min und 910 L/min bei einem Förderdruck von 1 bar. Der Korndurchlass beträgt je nach Ausführung der Pumpe zwischen 8 mm und 20 mm.

Abbildung 30a und b: Allzweckpumpen (System: Mast) (Quelle: Mast Pumpen GmbH)

6.5 Selbstkontrolle und Testfragen

(Lösungen siehe Seite 80)

1. Aus welchen Bauteilen besteht eine Wasserstrahlpumpe?

a) Aus einer Festkupplung B für den Eingang des Treibwassers und einer Festkupplung C für den Ausgang des Gesamtwassers
b) Aus einer Festkupplung C für den Eingang des Treibwassers und einer Festkupplung B für den Ausgang des Gesamtwassers
c) Aus einer Treibdüse und einem Fangrohr
d) Aus einem Treibrohr und einer Fangdüse

2. Wodurch wird eine tragbare Turbotauchpumpe angetrieben?

a) Durch einen Elektromotor
b) Durch einen Verbrennungsmotor
c) Durch eine Wasserturbine
d) Durch eine Kreiselpumpe

3. Welche Flüssigkeiten dürfen mit einer Hochwasserpumpe gefördert werden?

a) Ungesiebtes Schmutzwasser
b) Abwasser mit Feststoffen
c) Restwasser
d) Mineralölprodukte oder brennbare Flüssigkeiten

4. Welche Aussagen über Allzweckpumpen sind richtig?

a) Sie dürfen zur Förderung von Schmutzwasser eingesetzt werden.
b) Sie dürfen zur Förderung von Dieselkraftstoff eingesetzt werden.
c) Sie verfügen über eine Entlüftungseinrichtung.
d) Sie verfügen über keine Entlüftungseinrichtung.
e) Der Förderstrom beträgt zwischen 320 L/min bis 1.200 L/min.
f) Der Korndurchlass beträgt zwischen 4 mm und 8 mm.

7 Verwendete Abkürzungen

A	Schlauch- und Armaturengröße (Innendurchmesser 110 mm)
B	Schlauch- und Armaturengröße (Innendurchmesser 75 mm)
bar	Bar (Einheit für Druck)
bzw.	beziehungsweise
C	Schlauch- und Armaturengröße (Innendurchmesser 42/52 mm)
ca.	circa (ungefähr, etwa)
d. h.	das heißt
DIN ...	Kennung für das deutsche Normenwerk
DIN EN ...	Kennung für das europäische Normenwerk
DN	Nenndurchmesser für Rohre
Fa.	Firma
FP	Feuerlöschkreiselpumpe
L/min	Liter pro Minute (Einheit für Durchflussmenge)
o. Ä.	oder Ähnliche(s)
TS	Tragkraftspritze
u. a.	und andere(s)
u. Ä.	und Ähnliche(s)
usw.	und so weiter
u. U.	unter Umständen
z. B.	zum Beispiel
<	kleiner als
>	größer als

8 Literatur- und Quellenverzeichnis

Dubig, M.: Handbuch für Maschinisten, 4. Auflage 2008, Wenzel-Verlag, Marburg

Hamilton, W.: Handbuch für den Feuerwehrmann, 19. Auflage 1999, Boorberg-Verlag, Stuttgart

DIN-Normen, Bezug bei der Beuth Verlag GmbH, Burggrafenstraße 6, 10787 Berlin

Das Feuerwehr-Lehrbuch, 1. Auflage 2012, Verlag W. Kohlhammer, Stuttgart

Merkblatt: „Feuerlöschkreiselpumpen und Entlüftungseinrichtungen", Stand: 01/2011, Staatliche Feuerwehrschule Würzburg, Würzburg

Lehrunterlage verschiedener Feuerwehrschulen und Feuerwehren

Notizen

Notizen

Lösungen zu Kapitel 2.9: 1. a), d) und e); 2. a) und c); 3. b), c) und e); 4. a), c) und d); 5. b); 6. c); 7. a), b) und c); 8. a), d) und e)

Lösungen zu Kapitel 3.6: 1. a) bis e); 2. a); 3. b), d), e) und f); 4. b) und c); 5. a), c) und e); 6. b) und d); 7. b), c), d), f) und g)

Lösungen zu Kapitel 4.4: 1. a) und c); 2. a) und e); 3. d) und e); 4. a), b), d), e) und f)

Lösungen zu Kapitel 5.6: 1. b), c) und d); 2. a) und d); 3. b); 4. a), c), d) und f)

Lösungen zu Kapitel 6.5: 1. b) und c); 2. c); 3. a), b) und c); 4. a), b), d) und e)